Min-Fu Tsan

Ocena jakości badań naukowych prowadzonych na ludziach

Min-Fu Tsan

Ocena jakości badań naukowych prowadzonych na ludziach

programy ochrony

Wydawnictwo Bezkresy Wiedzy

Imprint

Cover image: www.ingimage.com

This book is a translation from the original published under ISBN 978-620-2-30111-4.

Publisher:
Wydawnictwo Bezkresy Wiedzy
is a trademark of
Dodo Books Indian Ocean Ltd., member of the OmniScriptum S.R.L Publishing group
str. A.Russo 15, of. 61, Chisinau-2068, Republic of Moldova Europe
Printed at: see last page
ISBN: 978-620-2-44677-8

Ocena jakości badań naukowych prowadzonych na ludziach

Za moją żonę, Lindę,

w zamian za

jej inspirację i niezachwiane wsparcie.

i

naszym córkom, Glorii i Grace,

w zamian za

ich zachętę

Wstęp

Mam zaszczyt przedstawić ten zbiór badań nad zapewnieniem jakości ochrony człowieka, które przedstawił dr Min-Fu Tsan i jego koledzy z Departamentu Spraw Weteranów (VA).

Od czasu ogłoszenia przez amerykański Departament Zdrowia, Edukacji i Opieki Społecznej (HEW) pierwszych przepisów dotyczących ochrony osób w latach 70-tych, instytucje prowadzące badania i organizacje finansujące badania polegają na systemie nadzoru ze strony Instytucjonalnych Rad Rewizyjnych (IRB) w celu zapewnienia ochrony uczestników badań nad ludźmi. Wszechstronne programy ochrony ludzi rozwinęły się w celu wsparcia systemu IRB i jego misji ochrony obiektów. Jednakże wykazanie jakości i skuteczności tych programów było przedsięwzięciem nieuchwytnym, ponieważ liczba zgonów i katastrofalnych szkód bezpośrednio związanych z udziałem w badaniach (na szczęście) była stosunkowo rzadka, a dodatkowe bezpośrednie środki ochrony badań i ryzyka badawczego nie zostały jeszcze zidentyfikowane.

W tym tomie, Dr. Min-Fu Tsan i jego koledzy opisują rozwój i wdrożenie przez VA, od 2010 do 2016 roku, serii wymiernych, zorientowanych na proces środków, które odzwierciedlają jakość ochrony badań człowieka w 107 obiektach VA, w których realizowane są programy badawcze. Ten systematyczny, coroczny zbiór wskaźników jakości z ponad 100 obiektów VA, wykorzystujących ten sam zestaw wskaźników, stanowi znaczny wzrost skali i złożoności w porównaniu z poprzednimi badaniami, w których informowano o wysiłkach w zakresie oceny jakości badań w dziedzinie ochrony ludności.

Te wskaźniki jakości okazały się przydatne dla poszczególnych ośrodków badawczych VA w identyfikowaniu obszarów podatności na ukierunkowane interwencje oraz dla całego systemu VA w odpowiadaniu na pytania polityczne specyficzne dla VA. Oczekiwane na początku 2018 r. wdrożenie zmienionej polityki federalnej (wspólnej zasady) w zakresie ochrony osób, stwarza okazję do porównania skutków zmian regulacyjnych przy użyciu wskaźników uzyskanych przed i po wdrożeniu.

Jednakże, jak zauważa dr Tsan, obecne wskaźniki stanowią jedynie pierwszy krok w identyfikacji wskaźników, które mogą odzwierciedlać znaczącą poprawę jakości ochrony zapewnianej badaczom ludzkim w czasie, zarówno wewnątrz, jak i na zewnątrz VA. W tym duchu, wskazuje on drogę naprzód w rozwijaniu coraz skuteczniejszych środków jakości do oceny nadzoru IRB i wspierających go programów ochrony badań człowieka.

Cieszę się, że mogę zaoferować wgląd dr. Tsana do rozważenia.

Tom Puglisi, doktorat.

Spis treści

Rozdział pierwszy

Wprowadzenie

Ochrona osób biorących udział w badaniach jest etycznym upoważnieniem do prowadzenia wszystkich badań z udziałem ludzi (1). Jest to integralna część wszystkich współczesnych badań klinicznych. Dlatego też poprawa ochrony osób będących przedmiotem zainteresowania jest wspólnym i wspólnym celem wszystkich zainteresowanych stron, w tym, ale nie wyłącznie, badaczy, wolontariuszy badawczych, instytucji, sponsorów badań, rządu federalnego i ogółu społeczeństwa.

Federalna polityka ochrony osób, opublikowana w 1991 r., znana również jako wspólna reguła, została ustanowiona w oparciu o zasady etyczne raportu Belmonta, a mianowicie poszanowanie osób, dobroczynność i sprawiedliwość (1,2). Zgodnie ze wspólną regułą instytucjonalna rada ds. przeglądu jest odpowiedzialna za przegląd etyczny i zatwierdzanie lub odrzucanie wszystkich protokołów dotyczących badań naukowych z udziałem ludzi, jak również zapewnienie stałego nadzoru w celu zapewnienia praw i dobrobytu osób biorących udział w badaniach (2). Jednak sam przegląd instytucjonalnej rady ds. przeglądu i nadzoru nie wystarczą, aby zapewnić prawa i dobrobyt uczestników badań naukowych (3,4).

Ponadto przed 2000 r. instytucjonalne rady ds. przeglądu były często niedostatecznie wspierane i przepracowane (5).

Pod koniec lat dziewięćdziesiątych i na początku XXI wieku, federalnie finansowane programy badawcze z wielu głównych instytucji akademickich, w tym jednego z Departamentu Spraw Weteranów, zostały zawieszone z powodu uporczywej i poważnej niezgodności z federalnymi przepisami regulującymi badania nad ludźmi; niektóre z tych niezgodnych incydentów spowodowały śmierć zdrowych ochotników badawczych (6,7). Intensywny nadzór publiczny i dochodzenia Kongresu, które po nim nastąpiły, posłużyły jako najnowszy bodziec do ulepszenia systemu ochrony przedmiotów badań człowieka (7,8-10).

Ważną zmianą koncepcyjną było uświadomienie sobie, że poza instytucjonalnymi radami ds. przeglądu, badaczami, instytucjami, sponsorami badań oraz rządem federalnym dzieli się odpowiedzialnością za ochronę przedmiotów badań człowieka (3). W ten sposób instytucje prowadzące badania na ludziach tworzą ramy operacyjne, zwane programami ochrony badań człowieka, w celu zapewnienia praw i dobrobytu uczestników badań oraz spełnienia wymogów etycznych i regulacyjnych. Na przykład, program ochrony badań naukowych weteranów Department of Veterans Affairs jest kompleksowym systemem składającym się z różnych osób i komitetów, w tym, ale nie wyłącznie, urzędnika instytucjonalnego, dyrektora administracji badawczej, urzędnika ds. zgodności badań naukowych, komisji ds. przeglądu instytucjonalnego, innych komisji lub podkomisji zajmujących się ochroną osób, badaczy, przewodniczącego i personelu komisji przeglądu instytucjonalnego, personelu badawczego i personelu aptekarskiego (11).

Inne wysiłki na rzecz poprawy sytuacji na początku XXI w. obejmowały silniejszy nadzór federalny nad badaniami, dobrowolną akredytację zewnętrzną instytucjonalnych programów ochrony badań nad ludźmi, zwiększone wsparcie instytucjonalne dla programów ochrony badań nad ludźmi, lepsze szkolenia dla badaczy i członków instytucjonalnej rady ds. przeglądu, lepsze monitorowanie i zgłaszanie zdarzeń niepożądanych oraz większe zaangażowanie uczestników badań i opinii publicznej w te wysiłki reformatorskie (9). W Departamencie Spraw Weteranów, dodatkowe wysiłki na rzecz poprawy sytuacji obejmowały obowiązkową akredytację zewnętrzną Departamentu Spraw Weteranów w zakresie programów ochrony badań nad ludźmi, ustanowienie Biura Nadzoru nad Badaniami (dawniej Office of Research Compliance and Assurance) w celu nadzorowania Departamentu Spraw Weteranów w zakresie badań nad ludźmi oraz wymóg pełnoetatowego urzędnika ds. zgodności badań w każdym z Departamentów Spraw Weteranów, aby raz na trzy lata (5,11,12) przeprowadzał coroczne audyty wszystkich dokumentów świadomej zgody i audyty regulacyjne wszystkich protokołów badań nad ludźmi. Niedawna publikacja zmienionej wspólnej zasady w 2017 r. jest również częścią trwających wysiłków na rzecz poprawy w celu zapewnienia badaczom większej elastyczności regulacyjnej przy jednoczesnej poprawie ochrony uczestników życia ludzkiego (13).

Znaczne inwestycje poczynione od początku XXI wieku w celu poprawy systemu ochrony przedmiotów badań człowieka niewątpliwie przyniosły pewne postępy. Na przykład coraz większa liczba instytucjonalnych programów ochrony badań nad ludźmi została akredytowana przez Stowarzyszenie Akredytacji Programów Ochrony Badań nad Człowiekiem, Incorporated (14). Niestety, istnieją nieliczne dane, jeśli w ogóle, pokazujące, że te reformy sprawiły, że badania nad ludźmi stały się bezpieczniejsze. Dzieje się tak po części dlatego, że trudno jest bezpośrednio zmierzyć poziom ochrony osoby ludzkiej. W rzeczywistości nie było systematycznego monitorowania funkcjonowania naszego obecnego systemu ochrony przedmiotów badań człowieka.

Z uwagi na krytyczną potrzebę systematycznego wykazywania, czy wysiłki na rzecz poprawy ochrony badań człowieka rzeczywiście wpłynęły na nasz system ochrony uczestników badań człowieka, Departament Spraw Weteranów Biuro Nadzoru Naukowego opracowało w 2008 r. zestaw wskaźników jakości, z których każdy zawiera szereg wskaźników wydajności, służących do oceny jakości i funkcjonowania programów ochrony badań człowieka w

Departamencie Spraw Weteranów (15). W 2009 roku wdrożono w sumie 25 wskaźników wydajności, a dane zbierane były corocznie ze wszystkich placówek Departamentu Spraw Weteranów z programami badań nad ludźmi (16).

Departament Spraw Weteranów (Department of Veterans Affairs) jest największym zintegrowanym systemem opieki zdrowotnej w Stanach Zjednoczonych, z ponad 100 placówkami prowadzącymi co roku badania z udziałem ludzi (17). System opieki zdrowotnej Departamentu Spraw Weteranów wydaje się być dobrze dostosowany do realizacji tego rodzaju projektu zapewnienia jakości. Wszystkie ośrodki badawcze Departamentu Spraw Weteranów są zobowiązane do przestrzegania tych samych przepisów federalnych i polityki Departamentu Spraw Weteranów regulującej badania nad ludźmi. Podczas gdy każdy ośrodek Departamentu Spraw Weteranów może działać niezależnie, wszystkie programy badawcze ośrodka badawczego znajdują się pod nadzorem Urzędu Nadzoru nad Badaniami, co umożliwia Urzędowi Nadzoru nad Badaniami wdrożenie tego samego projektu zapewnienia jakości w całym systemie. Każdy Wydział Spraw Weteranów placówki badawczej jest zobowiązany do posiadania pełnoetatowego urzędnika ds. zgodności badań, który podlega bezpośrednio urzędnikowi instytucjonalnemu (a mianowicie Dyrektorowi Centrum Medycznego), pozwalając na niezależne gromadzenie danych metrycznych dotyczących funkcjonowania programu ochrony badań człowieka, wolnych od wpływu biura badawczego. Wreszcie, około jedna trzecia ośrodków badawczych Departamentu Spraw Weteranów wykorzystuje instytucjonalne komisje rewizyjne uniwersytetu jako instytucjonalne komisje rewizyjne, co pozwala na porównanie wyników pracy instytucjonalnych komisji rewizyjnych Departamentu Spraw Weteranów i powiązanych instytucjonalnych komisji rewizyjnych uniwersytetów (18).

Niestety, gromadzenie danych metrycznych dotyczących wyników programów ochrony badań człowieka nie rozpoczęło się na początku 2000 r., przed lub na początku tych wysiłków reformatorskich, aby umożliwić ocenę wpływu wysiłków na rzecz poprawy, które zostały rozpoczęte na początku 2000 r. Niemniej jednak, te dane metryczne dotyczące wydajności dostarczyły Departamentowi Spraw Weteranów i jego ośrodkom badawczym informacji dotyczących obszarów podatności na zagrożenia związane z programem w celu ukierunkowania działań na rzecz poprawy jakości. Pomagają one również Departamentowi Spraw Weteranów odpowiedzieć na ważne pytania dotyczące polityki, w tym na to, czy stosowane są rodzaje instytucjonalnych komisji rewizyjnych (tj. instytucjonalne komisje rewizyjne Departamentu Spraw Weteranów vs. stowarzyszone instytucjonalne komisje rewizyjne uniwersytetów), a wielkość programów badań nad ludźmi ma jakikolwiek wpływ na jakość i funkcjonowanie programów ochrony badań nad ludźmi w Departamencie Spraw Weteranów (18,19).

W kolejnych dziewięciu rozdziałach zamieszczam publikacje w recenzowanych czasopismach naukowych wynikających z projektu Departamentu Spraw Weteranów (Department of Veterans Affairs Human research programme quality assurance project) opartego na danych zebranych w latach 2010-2016, aby zilustrować dokonane osiągnięcia i skuteczność pomiarów wydajności. W ostatnim rozdziale proponuję szereg potencjalnych obszarów przyszłych badań w celu dalszego doskonalenia systemu ochrony przedmiotów badań człowieka.

Odniesienia

1. Krajowa Komisja ds. Ochrony Podmiotów Ludzkich w zakresie badań biomedycznych i behawioralnych. *Raport Belmonta: Zasady etyczne i wytyczne dotyczące ochrony podmiotów badań naukowych*. Waszyngton, Drukarnia Rządowa w Waszyngtonie. 1979.
2. Departament Zdrowia i Usług Społecznych. Federalna polityka ochrony osób żyjących w ludziach. 45 Code of Federal Registration (CFR) 46. 1991.
3. Instytut Medycyny. *Zachowanie zaufania publicznego: Programy ochrony uczestników badań naukowych i akredytacji*. National Academic Press, Waszyngton, DC. 2001.
4. Anderson JA, Sawatzky-Girling B, McDonald M, Willison DJ. Etyka badawcza jest szeroko pojęta: Poza przeglądem REB. *Przegląd prawa zdrowotnego 2011*; 19(3): 12-24.
5. Biuro Odpowiedzialności Rządu. Badania naukowe - ciągła czujność mająca zasadnicze znaczenie dla ochrony uczestników życia ludzkiego. GAO/HEHS- 96-72. 1996
6. Kizer KW. Oświadczenie w sprawie nadzoru w Administracji Zdrowia Weteranów przed Podkomisją ds. Weteranów, Izba Reprezentantów USA. 1999.
7. Steinbrook R. 2002. Ochrona przedmiotów badań - kryzys w Johns Hopkins. *NEJM* 2002; 346: 716-20.

8. Kranish M. System do ochrony ludzi w badaniach, które zostały zawinione. Boston Globe. Mecz 25, 2002: A1.
9. Shalala D. Ochrona obiektów badawczych - co należy zrobić. *NEJM 2000;* 343: 808-10.
10. Steinbrook R. Poprawa ochrony obiektów badawczych. *NEJM* 2002; 346: 1425-30.
11. Departament Spraw Weteranów. Wymogi dotyczące ochrony uczestników badań naukowych. Podręcznik VHA 1200.05. 2014 (Zmieniony 2017). http://www1.va.gov/vhapublications/
12. Departament Spraw Weteranów. Wymogi dotyczące sprawozdawczości w zakresie zgodności badań. Podręcznik VHA 1058.01. 2014. http://www1.va.gov/vhapublications/
13. Menikoff, J. , Kaneshiro, J. , & Pritchard, I. (2017). Wspólna zasada, zaktualizowana. *NEJM* 2017; 376: 613-615.
14. Stowarzyszenie na rzecz Akredytacji Programów Ochrony Badań nad Człowiekiem, Incorporated. http://www.aahrpp.org
15. Tsan MF, Smith K, Gao B. Ocena jakości programów ochrony badań człowieka: Doświadczenie w Departamencie Spraw Weteranów. *IRB: Ethics & Human Research* 2010; 32 (4): 16-19.
16. Tsan MF, Nguyen Y, Brooks R. Wykorzystanie wskaźników jakości do oceny programów ochrony badań nad ludźmi w Departamencie Spraw Weteranów. *IRB: Ethics & Human Research* 2013; 35(1): 10-14.
17. Departament Spraw Weteranów. http://www.va.gov

18. Tsan MF, Nguyen Y, Brooks R. Ocena jakości programów ochrony badań nad ludźmi VA: VA vs. stowarzyszona instytucjonalna rada rewizyjna uniwersytetu. *J Emp Res Hum Res Ethics* 2013; 8: 153-160.
19. Nguyen Y, Brooks R, Tsan MF. Programy ochrony badań nad ludźmi w Departamencie Spraw Weteranów: Wskaźniki jakości i wielkość programu. *IRB: Ethics & Human Research,* 2014; 36(4): 16-20.

Rozdział drugi

Ocena jakości programów ochrony badań człowieka: Doświadczenie Departamentu Spraw Weteranów[1]

poprzez

Min-Fu Tsan, Karen Smith i Baochong Gao.

Pod koniec lat 90. i na początku lat 2000. federalnie wspierane programy badawcze w wielu dużych instytucjach akademickich zostały tymczasowo zawieszone w odpowiedzi na utrzymujące się nieprzestrzeganie federalnych przepisów regulujących badania z ludźmi. Zawieszenia te obejmowały reakcje na incydenty związane ze śmiercią dwóch uczestników badań. [1] W odpowiedzi na wzmożoną publiczną kontrolę nad badaniami na ludziach wynikającą z zawieszeń, podjęto znaczne wysiłki w celu poprawy systemu nadzoru nad badaniami z ludźmi, przy czym ostatecznym celem jest ochrona osób biorących udział w badaniach naukowych przed szkodami związanymi z badaniami. Wysiłki te obejmują - ale nie ograniczają się do - silniejszego nadzoru federalnego nad badaniami, dobrowolnej akredytacji instytucjonalnych programów

---

1 Tsan MF, Smith K, Gao B. Ocena jakości programów ochrony badań człowieka: Doświadczenie w Departamencie Spraw Weteranów. *IRB: Ethics & Human Research 32* (4): 16-19, 2010. Prawa autorskie ©2010 Centrum Hastingsa. Przedrukowany za zgodą Centrum Hastings i współautorów.

ochrony badań nad ludźmi, zwiększonego wsparcia instytucjonalnego dla takich programów, lepszego szkolenia dla śledczych i członków instytucjonalnej rady ds. przeglądu (IRB), lepszego monitorowania i zgłaszania zdarzeń niepożądanych oraz większego zaangażowania uczestników badań i społeczeństwa w wysiłki reformatorskie. [2]

Chociaż inwestycje na rzecz poprawy systemu ochrony uczestników badań naukowych były znaczne, istnieją nieliczne dane wskazujące na to, że reformy sprawiły, że badania naukowe na ludziach stały się bezpieczniejsze. Co więcej, narastają obawy, że nadmierny nacisk na zgodność z federalnymi przepisami regulującymi badania z ludźmi może odwrócić uwagę od etycznej jakości przeglądu badań IRB i odwrócić zasoby od bieżącej ochrony uczestników badań. [3] Taylor wskazuje na przykład, że konieczne jest opracowanie ważnego, wiarygodnego i solidnego miernika tego, czy IRB osiągają "*etyczne* cele nadzoru badawczego - ochronę dobra podmiotów, promowanie szacunku i dbałość o sprawiedliwość w badaniach naukowych". [4] Takie narzędzie byłoby pomocne w ocenie jakości, a nie tylko zgodności, procesu przeglądu IRB. Niemniej jednak, wysokiej jakości przeglądy IRB same w sobie, choć konieczne, mogą nie być wystarczające do zapewnienia ochrony przedmiotu badań, ponieważ przegląd IRB badań jest tylko jednym z elementów programu ochrony badań człowieka. [5]

Chociaż trudno jest bezpośrednio zmierzyć, w jakim stopniu podmioty ludzkie są chronione przed szkodami związanymi z badaniami, uważamy, że możliwe jest określenie wskaźników, które mogą być wykorzystane do oceny jakości programu ochrony badań naukowych prowadzonych przez daną instytucję, w tym zwrócenie uwagi na czynniki, które mogą lub mogą prowadzić do szkód związanych z badaniami. Przedstawiamy tutaj wskaźniki jakości, które opracowaliśmy w celu oceny programów ochrony badań człowieka w Departamencie Spraw Weteranów.

Wskaźniki jakości dla programów ochrony badań nad ludźmi

Oprócz przepisów federalnych regulujących badania z ludźmi, naukowcy w systemie VA muszą spełniać wymagania ustanowione przez VA. Na przykład, w systemie opieki zdrowotnej VA, IRB jest podkomitetem Komitetu Badań i Rozwoju (R&DC). Badania z udziałem ludzi nie mogą zostać rozpoczęte, dopóki nie zostaną zatwierdzone zarówno przez IRB (chyba że są wyłączone z przeglądu IRB), jak i R&DC. [6] VA posiada biuro ds. zgodności z przepisami dotyczącymi badań oraz wszystkie urządzenia VA, które prowadzą badania, muszą posiadać akredytowany program ochrony badań naukowych na ludziach.

Ponieważ celem programu ochrony badań naukowych prowadzonych przez daną instytucję jest wzmocnienie ochrony osób biorących udział w badaniach, opracowaliśmy wskaźniki jakości, które kładą nacisk na ocenę wyników programu ochrony badań naukowych prowadzonych przez człowieka, a nie tylko na przegląd IRB czy zgodność z przepisami badawczymi. Wskaźniki jakości zostały opracowane w procesie, który obejmował 1) jednego z autorów (MFT) identyfikującego potencjalne wskaźniki; 2) osoby w ramach VA i poza VA posiadające wiedzę specjalistyczną w zakresie ochrony osób, które dokonują przeglądu proponowanych wskaźników; oraz 3) pięcioosobową grupę roboczą powołaną przez Biuro Nadzoru nad Badaniami (ORO), która dokonuje przeglądu i rewizji proponowanych wskaźników. Po sześciu miesiącach prac grupa robocza osiągnęła porozumienie co do tego, które wskaźniki jakości należy zaakceptować, a następnie Komitet Wykonawczy ORO zaakceptował wskaźniki, które należy wykorzystać do oceny programów ochrony badań nad człowiekiem w VA.

Rysunek 1 przedstawia 16 wskaźników jakości zatwierdzonych przez Komitet Wykonawczy ORO. Wskaźniki obejmują szeroki zakres obszarów, które mogą mieć znaczący wpływ na ochronę osób, w tym akredytację programów ochrony badań naukowych na ludziach; wstępny i ciągły przegląd i zatwierdzanie badań przez IRB i R&DC;

świadomą zgodę uczestnika; upoważnienie zgodnie z zasadą ochrony prywatności w ustawie o przenośności i odpowiedzialności w ubezpieczeniach zdrowotnych (zasada ochrony prywatności HIPAA) do wykorzystywania i ujawniania chronionych informacji zdrowotnych uczestników; zgodność z przepisami dotyczącymi badaczy, kwalifikacje i szkolenia; poważne zdarzenia niepożądane; badania z udziałem podmiotów szczególnie narażonych; badania międzynarodowe; szkolenie członków IRB i R&DC; oraz materiały edukacyjne dla uczestników badań. Instrument ten pozwoli nam porównać jakość programów ochrony badań człowieka w różnych ośrodkach badawczych w VA i przechwyci informacje, które mogą być wykorzystane do kierowania administratorami w podejmowaniu decyzji zarządczych tam, gdzie ulepszenia programu są najbardziej potrzebne.

Zaprojektowaliśmy wskaźniki jakościowe, które mają być wykorzystywane do oceny programów ochrony człowieka w ośrodkach badawczych VA rocznie, lub przynajmniej raz na drugi rok. W związku z niedawnym wymogiem, aby urzędnik ds. zgodności z przepisami dotyczącymi badań (RCO) w każdym ośrodku badawczym VA przeprowadzał raz na trzy lata coroczne audyty wszystkich dokumentów dotyczących świadomej zgody oraz audyty regulacyjne wszystkich protokołów [badawczych7] , możliwe jest przeprowadzanie corocznej oceny programów ochrony badań naukowych prowadzonych przez VA z wykorzystaniem wskaźników jakości.

Jesteśmy świadomi faktu, że nie ma dowodów wskazujących na to, że wskaźniki jakości są aktualnym i wiarygodnym miernikiem jakości programu ochrony badań naukowych prowadzonych przez daną instytucję. Nie wiemy również, czy wskaźniki jakości korelują bezpośrednio z ochroną podmiotów badawczych. Ponadto, nie jesteśmy w stanie podać ilościowej, liczbowej wartości każdego wskaźnika. Niemniej jednak uważamy, że wskaźniki jakości stanowią pierwszy użyteczny krok w kierunku opracowania solidnej i wiarygodnej oceny programów ochrony badań naukowych na ludziach. Ponieważ używamy tych wskaźników w instytucjach VA, oczekujemy, że zostaną one przedefiniowane i zmodyfikowane. Mamy nadzieję, że inne instytucje uznają te wskaźniki za przydatne przy opracowywaniu instrumentów do oceny własnych programów ochrony badań nad człowiekiem.

Rysunek 1.
Wskaźniki jakości do celów oceny programów ochrony badań człowieka w Departamencie Spraw Weteranów

---

1. Status akredytacyjny programu ochrony badań naukowych człowieka
   a) Pełna akredytacja
   b) Akredytacja kwalifikowana
   c) Zatrzymanie akredytacji
   d) Akredytacja w toku
   e) Inne (proszę określić)

2. Rada ds. przeglądu instytucjonalnego (IRB) i Komitet ds. Badań i Rozwoju (R&DC) wstępne zatwierdzenie ochrony badań człowieka.
   a) Liczba protokołów zainicjowanych bez: Zatwierdzenie IRB; zatwierdzenie R&DC; zatwierdzenie IRB i R&DC
   b) Liczba protokołów zainicjowanych przed: Zatwierdzenie IRB; zatwierdzenie R&DC; zatwierdzenie IRB i R&DC

3. Wymóg świadomej zgody
   a) Całkowita liczba zgłoszonych uczestników, dla których wymagana jest świadoma zgoda
   b) Liczba uczestników zapisanych bez uzyskania świadomej zgody
   c) Liczba uczestników zapisanych przed uzyskaniem wymaganej świadomej zgody.
   d) Liczba uczestników z dokumentami świadomej zgody bez podpisu uczestnika lub prawnie upoważnionego przedstawiciela.

4. Wymóg autoryzacyjny ustawy o przenośności i odpowiedzialności w ubezpieczeniach zdrowotnych Zasada ochrony prywatności (zasada ochrony prywatności HIPAA)
   a) Łączna liczba zgłoszonych podmiotów, dla których wymagane jest zezwolenie HIPAAA
   b) Liczba zgłoszonych uczestników bez uzyskania wymaganego zezwolenia HIPAAA.
   c) Liczba uczestników zgłoszonych przed uzyskaniem wymaganego zezwolenia HIPAAA.

5. Przyczynowe zawieszenie badań naukowych na ludziach
   a) Liczba protokołów zawieszonych (przez IRB lub R&DC) z powodu poważnej niezgodności.
   b) Liczba protokołów zawieszonych (przez IRB lub R&DC) z powodu poważnych zdarzeń niepożądanych (zarówno spodziewanych, jak i nieoczekiwanych).
   c) Liczba śledczych zawieszonych (przez IRB lub R&DC) z powodu nieprzestrzegania przepisów
   d) Czy w tym okresie program ochrony badań naukowych w ośrodku został kiedykolwiek zawieszony (nie/tak)? Jeżeli tak, proszę wyjaśnić przyczynę (przyczyny) zawieszenia.

6. Poważne zdarzenia niepożądane związane z badaniami naukowymi (AE)
   a) Liczba działań agrośrodowiskowych określonych przez IRB jako poważne, nieoczekiwane i związane z badaniami.
   b) Liczba ochotników do spraw zdrowia z poważnymi aE związanymi z badaniami, których wynikiem jest śmierć lub hospitalizacja.

7. Wymóg stałego przeglądu
   a) Całkowita liczba protokołów wymagających stałego przeglądu
   b) Liczba protokołów, które wygasły w wymaganych ciągłych przeglądach prowadzonych przez IRB.
   c) Liczba protokołów z wygasłym zatwierdzeniem IRB w ramach ciągłego przeglądu, w odniesieniu do których podjęto działania badawcze (z wyjątkiem kontynuacji interwencji badawczej lub interakcji uznanych przez IRB za leżące w najlepszym interesie już zarejestrowanych uczestników).

rysunek jest kontynuowany na następnej stronie

kontynuacja rysunku z poprzedniej strony

8. Audyty w ramach protokołu wewnętrznego
   a) Liczba protokołów skontrolowanych przez urzędnika ds. zgodności z przepisami w dziedzinie badań naukowych (lub równoważny): całkowita liczba audytów; audyty z przyczyn; audyty rutynowe

9. Temat rejestracji zgodnie z kryteriami włączenia i wyłączenia
   a) Liczba zgłoszonych uczestników, którzy nie spełnili kryteriów włączenia społecznego
   b) Liczba zgłoszonych uczestników, którzy spełnili kryteria wykluczenia

10. Zakres praktyk i przywilejów
   a) Liczba badaczy i personelu badawczego pracujących poza zakresem ich praktyk i przywilejów.

11. Badania z udziałem słabszych grup społecznych
   a) Liczba protokołów dotyczących: płodu; zapłodnienia in vitro; kobiet w ciąży; więźniów; dzieci; osób upośledzonych umysłowo; osób z upośledzoną zdolnością podejmowania decyzji.

12. Międzynarodowe protokoły badawcze
   a) Łączna liczba międzynarodowych protokołów badawczych
   b) Liczba międzynarodowych protokołów badawczych bez uzyskania uprzedniej zgody dyrektora ds. badań i rozwoju (CRADO).

13. Żywności i Leków (FDA) w związku z poważnym brakiem zgodności z przepisami
   a) Liczba śledczych ukaranych przez FDA za: ograniczenie; dyskwalifikację; wykluczenie; wykluczenie.

14. Program ochrony badań nad ludźmi (w tym bezpieczeństwa informacji) - program badawczy dotyczący edukacji/szkoleń
   a) Łączna liczba badaczy, w tym koordynatorów badań itp., wymagających kształcenia/szkolenia w ramach programu ochrony badań człowieka
   b) Liczba badaczy, w tym koordynatorów badań itp., którzy nie ukończyli wymaganego wstępnego programu edukacji/szkolenia w zakresie ochrony badań człowieka.
   c) Liczba śledczych, którzy stracili pracę w ramach wymaganego rocznego programu ochrony badań naukowych człowieka - edukacja/szkolenia.

15. Katedry IRB i R&DC oraz członkowie programu ochrony badań człowieka (w tym bezpieczeństwa informacji), wymogi w zakresie edukacji/szkolenia.
   a) Łączna liczba przewodniczących i członków IRB
   b) Liczba przewodniczących IRB i członków, którzy nie ukończyli wymaganego wstępnego programu edukacji/szkolenia w zakresie ochrony badań człowieka.
   c) Liczba krzeseł i członków IRB wygasła w wymaganym rocznym programie edukacji/szkolenia w zakresie badań nad człowiekiem.
   d) Łączna liczba przewodniczących i członków komitetów badawczo-rozwojowych
   e) Liczba przewodniczących B+RC i członków, którzy nie ukończyli wymaganego wstępnego kształcenia/szkolenia w ramach programu ochrony badań człowieka.
   f) Liczba przewodniczących i członków R&DC wygasła w wymaganym rocznym programie edukacji/szkolenia w zakresie ochrony badań człowieka.

16. Kształcenie przedmiotowe
   a) Łączna liczba zgłoszonych przedmiotów
   b) Liczba podmiotów, którym przekazano egzemplarz broszury informacyjnej "Wolontariat w badaniach naukowych - są pewne rzeczy, które trzeba wiedzieć".

Podziękowania

Dziękujemy J. Thomasowi Puglisi, doktorowi, dyrektorowi generalnemu, Biuru Nadzoru Naukowego, Departamentowi Spraw Weteranów, za wsparcie i krytyczną ocenę manuskryptu.

Min-Fu Tsan, MD, PhD, jest dyrektorem, Mid-Atlantic Regional Office, Office of Research Oversight, Department of Veterans Affairs, Washington, DC; **Karen Smith, PhD,** jest dyrektorem, Midwestern Regional Office, Office of Research Oversight, Department of Veterans Affairs, Chicago, IL; a **Baochong Gao, PhD,** jest zastępcą dyrektora, Mid-Atlantic Regional Office, Office of Research Oversight, Department of Veterans Affairs, Washington, DC.

Odniesienia

1. Oświadczenie Kennetha W. Kizera, podsekretarza ds. zdrowia, departamentu spraw weteranów, w sprawie nadzoru nad badaniami w administracji zdrowia weteranów przed podkomisją ds. zdrowia Komisji ds. weteranów, Izba Reprezentantów USA, 21 kwietnia 1999 r.; Steinbrook R. Ochrona tematów badawczych - kryzys w Johns Hopkins. *NEJM* 2002;346:716-720.

2. Steinbrook R. Poprawa ochrony obiektów badawczych. *NEJM* 2002;346:1425-1430.

3. Zob. ref. 2, Steinbrook 2002.

4. Taylor HA. Wyjście poza zgodność z przepisami: Pomiar jakości etycznej w celu wzmocnienia nadzoru nad badaniami na ludziach. *IRB: Etyka i badania nad ludźmi.* 2007;29(5):9-14; Koski G. Oprócz zgodności . . Czy to zbyt wiele, by prosić? *IRB: Ethics & Human Research 2003*; 25(5):5-6.

5. Instytut Medycyny. *Zachowanie zaufania publicznego: Programy ochrony uczestników badań naukowych i akredytacji.* Waszyngton, DC: National Academies Press, 2001.

6. Wymogi dotyczące ochrony uczestników badań naukowych. VHA Handbook 1200.05, Department of

Veterans Affairs (31 lipca 2008 r.), http://www1.va.gov/vhapublications/; Research and Development Committee. VHA Handbook 1200.01, Department of Veterans Affairs (16 czerwca 2009 r.), http://www1.va.gov/vhapublications/.

7. Specjaliści ds. zgodności z przepisami dotyczącymi badań i audytu badań VHA dotyczących ludzi w celu określenia zgodności z obowiązującymi przepisami ustawowymi, wykonawczymi i politycznymi. Dyrektywa VHA 2008-064, Departament Spraw Weteranów (16 października 2008 r.). Dostępny pod adresem http://www1.va.gov/vhapublications/.

Rozdział trzeci

Wykorzystanie wskaźników jakości do oceny programów ochrony badań naukowych w Departamencie Spraw Weteranów.[2]

poprzez

Min-Fu Tsan, Yen Nguyen i Robert Brooks.

W poprzednim artykule opisaliśmy wskaźniki jakości opracowane przez Biuro Nadzoru nad Badaniami w Departamencie Spraw Weteranów jako podstawę do oceny programu ochrony badań człowieka (HRPP) danej instytucji. [1] Szesnaście wskaźników jakości obejmuje kwestie związane z akredytacją programów badań człowieka, przeglądem etycznym i zatwierdzaniem protokołów badań, świadomą zgodą, zezwoleniem na wykorzystywanie i ujawnianie chronionych informacji zdrowotnych uczestników badań, kwalifikacjami badaczy, szkoleniem w zakresie etyki badań oraz zgodności z normami etycznymi i regulacyjnymi, poważnymi zdarzeniami niepożądanymi podczas badań, wrażliwymi uczestnikami badań,

---

2 Tsan MF, Nguyen Y, Brooks R. Wykorzystanie wskaźników jakości do oceny programów ochrony badań nad ludźmi w Departamencie Spraw Weteranów. *IRB: Ethics & Human Research 35(*1): 10-14, 2013. Prawa autorskie ©2013 Centrum Hastingsa. Przedrukowany za zgodą Centrum Hastings i współautorów.

badaniami międzynarodowymi, szkoleniami dla członków komisji ds. przeglądu etycznego oraz materiałami edukacyjnymi dla przyszłych uczestników badań. W tym artykule informujemy o wynikach stosowania przez VA wskaźników jakości w kontroli działalności instytucji w zakresie badań nad zasobami ludzkimi.

Zapewnianie jakości i ochrona badań nad ludźmi

Kluczową cechą VA HRPP jest wymóg, aby wykwalifikowani inspektorzy ds. zgodności badań w każdej instytucji badawczej VA przeprowadzali coroczny audyt wszystkich dokumentów dotyczących świadomej zgody oraz audyt regulacyjny co trzy lata wszystkich protokołów dotyczących badań na ludziach zatwierdzonych na ich stanowiskach. Opracowano [2] narzędzia audytowe na potrzeby rocznego audytu dokumentów zatwierdzających, jak również trzyletniego audytu regulacyjnego protokołów z badań. [3] Następnie przeszkolono urzędników ds. zgodności z przepisami dotyczącymi badań naukowych, aby wykorzystywali te narzędzia do przeprowadzania audytów w ciągu całego roku. W tym miejscu skupiamy się na świadomej zgodzie i audytach protokołów regulacyjnych przeprowadzonych w okresie od 1 czerwca 2009 r. do 31 maja 2010 r. dla wszystkich 107 instytucji badawczych VA. Wszystkie dane z audytów przedstawiono w tabeli 1.

Status akredytacji VA HRPPs. W okresie od 1 czerwca 2009 r. do 31 maja 2010 r. 105 (98,1%) VA HRPP zostało już w pełni akredytowanych lub uzyskało pełną akredytację od Stowarzyszenia na rzecz Akredytacji Programów Ochrony Badań nad Człowiekiem, Inc. Ponadto w tym okresie sprawozdawczym żaden VA HRPP nie został zawieszony przez AAHRPP.

Dokumenty świadomej zgody. Polityka VA wymaga, aby najnowsza wersja formularza zgody zatwierdzona przez instytucjonalną radę ds. przeglądu (IRB) była wersją, z której muszą korzystać badacze przy rekrutacji osób do udziału w badaniach. Ponadto, VA wymaga od osób zgłaszających się do badania podpisania i datowania formularza zgody. [4]

W okresie od 1 czerwca 2009 r. do 31 maja 2010 r. skontrolowano 14 944 aktywnych protokołów badań nad ludźmi. Spośród nich 3 563 protokoły (23,8%) posiadały łącznie 89 216 formularzy świadomej zgody uzyskanych w ciągu ostatnich 12 miesięcy. Pozostałe aktywne protokoły dotyczące badań na ludziach, tj. 11 381 protokołów, były albo protokołami wyłączonymi, protokołami z zatwierdzonym przez IRB zrzeczeniem się świadomej zgody lub zrzeczeniem się dokumentacji świadomej zgody, albo protokołami bez podpisanych formularzy świadomej zgody uzyskanymi w ciągu ostatnich 12 miesięcy. Spośród 89 216 przeanalizowanych formularzy zgody 2 143 (2,4 %) nie było poprawną wersją zatwierdzoną przez IRB, a 197 (0,22 %) nie zostało podpisanych i opatrzonych datą przez osoby wyrażające zgodę na udział w badaniach.

Zatwierdzenie protokołów. Polityka VA wymaga, aby wszystkie protokoły dotyczące badań na ludziach były najpierw poddawane przeglądowi i zatwierdzane przez IRB, a następnie przez komitet badawczo-rozwojowy (R&DC). R&DC jest komitetem odpowiedzialnym za nadzór nad wszystkimi działaniami badawczo-rozwojowymi w ramach instytucji VA i jest odpowiedzialny za utrzymanie wysokich standardów w całym programie badawczo-rozwojowym obiektu. IRB jest podkomitetem R&DC. Żadna działalność badawcza człowieka w instytucjach VA nie może zostać rozpoczęta, dopóki protokół nie zostanie zatwierdzony przez IRB i R&D. [5]

W okresie od 1 czerwca 2009 r. do 31 maja 2010 r. przeprowadzono audyty regulacyjne dla 2 102 protokołów dotyczących badań nad ludźmi. Kontrola wykazała, że badania w ramach jednego protokołu (0,05%) zostały przeprowadzone i zakończone bez wymaganego zatwierdzenia IRB, badania w ramach trzech protokołów (0,14%) zostały przeprowadzone i zakończone bez wymaganego zatwierdzenia R&DC, badania w ramach dwóch protokołów (0,10%) zostały rozpoczęte przed zatwierdzeniem IRB, a badania w ramach dziewięciu protokołów (0,43%) zostały rozpoczęte przed zatwierdzeniem R&DC.

Z powodu zawieszenia lub zakończenia badań. Szereg protokołów zostało zawieszonych lub wypowiedzianych z ważnych powodów w okresie od 1 czerwca 2009 r. do 31 maja 20 10. Niestety, dostępne były tylko dane zagregowane dla protokołów dotyczących ludzi, zwierząt laboratoryjnych i zagrożeń dla bezpieczeństwa. Spośród 2 978 skontrolowanych protokołów dotyczących ludzi, zwierząt i bezpieczeństwa 83 (2,79%) protokoły zostały zawieszone lub rozwiązane z przyczyn losowych. Dwadzieścia pięć (0,83 %) zostało zawieszonych lub zakończonych z powodu obaw dotyczących bezpieczeństwa osób, podczas gdy 40 (1,34 %) protokołów zostało zawieszonych lub zakończonych z powodu obaw związanych z badaczami.

Lokalne SAE i nieprzewidziane problemy związane z ryzykiem dla podmiotów lub innych podmiotów. Spośród 2 102 skontrolowanych protokołów badań na ludziach 25 lokalnych zdarzeń niepożądanych zostało uznanych przez IRB za poważne, nieprzewidziane i związane lub prawdopodobnie związane z badaniami. Spośród nich 11 spowodowało hospitalizację uczestników i żaden z nich nie spowodował śmierci uczestników.

Lapse in Continuing Reviews. Przepisy federalne i polityka VA wymagają, aby organy IRB prowadziły ciągły przegląd badań nad ludźmi w odstępach czasu odpowiednich do stopnia ryzyka, ale nie rzadziej niż raz w roku. Z 2 102 skontrolowanych protokołów dotyczących badań na ludziach 1 606 protokołów wymagało ciągłych przeglądów IRB. Dziewięćdziesiąt siedem protokołów (6,04 %) nie przeszło jednorocznego ciągłego przeglądu, a w przypadku dwóch z tych 97 protokołów (0,12 %) badacze kontynuowali działalność badawczą, mimo że IRB nie przeprowadziła rocznego przeglądu.

Przegląd historii przypadku uczestnika. W okresie objętym audytem dokonano przeglądu 11 387 historii przypadków z 2 102 protokołów dotyczących ludzi. W przypadku badanych historii przypadków nie uzyskano świadomej zgody 249 uczestników (2,19 %) przed rozpoczęciem procedur badawczych. Ponadto w 271 (2,38 %) skontrolowanych historii spraw nie istniała dokumentacja sprawdzająca kryteria włączenia/wykluczenia.

Personel naukowy. Polityka VA wymaga, aby cały personel badawczy posiadał zatwierdzony zakres praktyki badawczej lub oświadczenie funkcjonalne, które definiuje działalność badawczą, do której dana osoba ma kwalifikacje i może ją wykonywać. Ponadto personel badawczy biorący udział w badaniach na ludziach musi ukończyć wstępne i roczne szkolenie w zakresie zasad etycznych i przyjętych dobrych praktyk klinicznych. [7]

Niestety, dostępne były tylko dane zbiorcze dla wszystkich protokołów dotyczących ludzi, zwierząt laboratoryjnych i zagrożeń dla bezpieczeństwa. Spośród 2 978 skontrolowanych protokołów dotyczących ludzi, zwierząt i bezpieczeństwa, w badaniu uczestniczyło 6 787 pracowników naukowych. Spośród 6 787 skontrolowanych pracowników naukowych 519 (7,65%) nie posiadało zatwierdzonego zakresu praktyki badawczej; 10 (0,15%) posiadało zatwierdzony zakres praktyki badawczej, ale pracowało poza zakresem swojej praktyki badawczej; a 398 (5,86%) nie utrzymało obecnych wymogów szkoleniowych, w tym 103 (1,52%) bez wymaganego szkolenia wstępnego i 303 (4,46%), które nie uzyskały ustawicznego szkolenia.

Badania międzynarodowe. Polityka federalna wymaga, aby wszystkie osoby biorące udział w badaniach w ośrodkach poza

Stanami Zjednoczonymi miały zapewnioną odpowiednią ochronę, która jest zgodna z ochroną podmiotów badawczych w Stanach Zjednoczonych, jak również ochronę, którą władze lokalne i zwyczajowo uznają za odpowiednią w ośrodku międzynarodowym. [8] Polityka VA wymaga uzyskania zezwolenia od dyrektora ds. badań i rozwoju VA przed rozpoczęciem jakichkolwiek badań międzynarodowych zatwierdzonych przez VA. Spośród 2 102 protokołów badań nad ludźmi skontrolowanych w okresie od 1 czerwca 2009 r. do 31 maja 2010 r., cztery były badaniami międzynarodowymi. Dwa (50%) z tych badań nie uzyskały wcześniejszej zgody dyrektora ds. badań i rozwoju.

Tabela 1. Kluczowe ustalenia dotyczące wskaźników jakości

Dokumenty dotyczące świadomej zgody

Łączna liczba skontrolowanych protokołów 14,944

Liczba protokołów z dokumentami świadomej zgody 3,563 (23.8%)

Łączna liczba skontrolowanych dokumentów świadomej zgody 89,216

Średnia liczba dokumentów świadomej zgody w każdym protokole 24

Wykorzystane nieprawidłowe dokumenty świadomej zgody 2,143 (2.4%)

Dokumenty świadomej zgody, które nie zostały podpisane i opatrzone datą przez uczestników. 197 (0.22%)

Protokoły zatwierdzone przez instytucjonalną radę ds. przeglądu (IRB) oraz Komitet Badań i Rozwoju (R&DC).

Całkowita liczba skontrolowanych protokołów badań na ludziach 2,102

Przeprowadzono i zakończono bez zatwierdzenia przez IRB. 1 (0.05%)

Przeprowadzono i zakończono bez zatwierdzenia R&DC. 3 (0.14%)

Zainicjowany przed zatwierdzeniem przez IRB. 2 (0.10%)

Zainicjowany przed zatwierdzeniem przez R&DC. 9 90.43%)

Za przyczynę Zawieszenie lub wypowiedzenie protokołów

Łączna liczba skontrolowanych protokołów dotyczących ludzi, zwierząt i bezpieczeństwa 2,978

Zawieszona lub zakończona z powodu przyczyny. 83 (2.79%)

Ze względu na troskę o ludzi. 25 (0.83%)

W związku z obawami dotyczącymi pracowników dochodzeniowych 40 (1.34%)

Lokalne poważne, niekorzystne zdarzenia i nieprzewidziane problemy

Całkowita liczba skontrolowanych protokołów badań na ludziach 2,102

Lokalne zdarzenia niepożądane, co do których stwierdzono, że są poważne, nieprzewidziane i związane lub prawdopodobnie związane z badaniami naukowymi 25

Wynikiem tego jest hospitalizacja. 11

Wywołało to śmierć. 0

Lapse in Continuing Reviews (Opóźnienie w kontynuowaniu przeglądów)

Łączna liczba protokołów dotyczących ludzi wymagających ciągłych przeglądów 1,606

Lapse in IRB - przeglądy bieżące w IRB 97 (6.04%)

Kontynuacja działalności badawczej w okresie przejściowym 2 (0.12%0

Przegląd historii spraw będących przedmiotem sporu

Łączna liczba przeanalizowanych historii spraw 11,387

Średnia liczba przeanalizowanych historii spraw rozpatrywanych w poszczególnych protokołach 5.4

Świadoma zgoda nie uzyskana przed rozpoczęciem badania 249 (2.19%)

Brak dokumentacji potwierdzającej kryteria włączenia/wyłączenia 271 (2.38%)

Personel badawczy Zakres wymagań dotyczących praktyki i szkolenia

Łączna liczba personelu naukowo-badawczego w skontrolowanych protokołach 6,787

Średnia liczba personelu naukowo-badawczego na protokół 2.3

Bez zakresu badań naukowych w praktyce 519 (765%)

Praca poza zakresem badań naukowych w praktyce 10 (0.15%)

Wymagane szkolenie nie jest aktualne. 398 (5.86%)

Bez szkolenia wstępnego 103 (1.52%)

Lapse w szkoleniu ustawicznym 303 (4.46%)

Dyskusja

Departament Spraw Weteranów jest największym zintegrowanym dostawcą usług medycznych w Stanach Zjednoczonych, posiadającym 153 szpitale w całym kraju. W 2010 r. istniało 107 ośrodków medycznych VA prowadzących badania na ludziach, a każdego dnia tysiące osób uczestniczyło w badaniach prowadzonych przez badaczy VA. Jednym z najwyższych priorytetów VA jest ochrona bezpieczeństwa, praw i dobrobytu uczestników badań biomedycznych i behawioralnych. Oprócz tego, że VA jest jednym z 17 amerykańskich departamentów i agencji, które zgadzają się przestrzegać Federalnej Polityki Ochrony Osób Zaginionych (Wspólna Reguła), VA wprowadza dodatkowe wymogi w celu ochrony bezpieczeństwa, praw i dobrobytu uczestników badań. Na przykład, w systemie VA, IRB jest podkomitetem R&DC i żadne badania na ludziach nie mogą być kontynuowane, chyba że zarówno IRB, jak i R&DC zatwierdziły protokół. [10]

Przedstawione tu informacje były pierwszą próbą systematycznego wykorzystania wskaźników jakości opracowanych przez VA do oceny programów ochrony zasobów ludzkich. Ponieważ w literaturze nie ma podobnych danych, niemożliwe jest określenie, jak dobrze PZL ds. zasobów ludzkich w VA prowadzą nadzór badawczy w porównaniu z EPL ds. zasobów ludzkich w innych instytucjach. Niemniej jednak uważamy, że wyniki przedstawione w niniejszym raporcie sugerują, że VA opracowała silny i kompleksowy system ochrony uczestników badań VA. Dziewięćdziesiąt osiem procent członków VA HRPP zostało akredytowanych przez AAHRPP. Spośród 89 216 skontrolowanych dokumentów zgody mniej niż 0,3% nie zostało podpisanych i opatrzonych datą przez uczestników badania. Spośród 2 102 skontrolowanych protokołów badań na ludziach, tylko jedno badanie (0,05%) zostało przeprowadzone bez zatwierdzenia IRB i tylko dwa badania (0,1%) zostały rozpoczęte przed zatwierdzeniem IRB. IRB uznała 25 lokalnych zdarzeń niepożądanych za poważne, nieoczekiwane i związane lub prawdopodobnie związane z badaniami. Spośród nich tylko 11 uczestników badań, którzy ich doświadczyli, zostało hospitalizowanych i żaden z nich nie umarł.

Przedstawione tu wyniki dostarczają również cennych informacji na temat programów kadrowych VA. Dane te pozwoliły zidentyfikować konkretne obszary w VA HRPP, które mają zostać udoskonalone w przyszłości. Na przykład 6,04% skontrolowanych protokołów wygasło w wymaganych przeglądach bieżących IRB; 7,65% personelu badawczego nie posiadało wymaganego zakresu badań naukowych; 5,86% personelu badawczego nie utrzymało wymaganego szkolenia;

a 50% międzynarodowych badań VA rozpoczęto bez wymaganej zgody dyrektora ds. badań i rozwoju. Są to obszary, które wyraźnie wymagają poprawy.

Podobnie, niektóre z narzędzi kontroli i gromadzenia danych, które zostały wykorzystane, również mogłyby zostać ulepszone. Na przykład dane dotyczące zawieszenia protokołów, szkolenia personelu badawczego i zakresu badań naukowych obejmowały protokoły dotyczące ludzi, zwierząt i bezpieczeństwa, a nie konkretnie protokoły obejmujące badania z udziałem ludzi.

Zdajemy sobie sprawę, że nie ma dowodów na to, że miary jakości stosowane w analizie audytu odzwierciedlają jakość HRPP danej instytucji. Nie wiemy również, czy te miary jakości korelują bezpośrednio z ochroną ludzi. Ponadto wskaźniki jakości zostały opracowane specjalnie w celu oceny jakości HRPP w instytucjach [VA11] , a niektóre z tych wskaźników nie mają zastosowania do innych HRPP. Jednakże wskaźniki jakości, które zastosowaliśmy, są przynajmniej pierwszym krokiem w kierunku pomiaru jakości HRPP. Wyniki stosowania przez nas tych wskaźników stanowią dane wyjściowe dla przyszłych ocen programów kadr i dla dopracowania zestawu wskaźników jakości, które pozwolą lepiej określić, jak dobrze chronią osoby uczestniczące w badaniach prowadzonych przez ich instytucje.

Zrzeczenie

Poglądy przedstawione w niniejszym raporcie są poglądami autorów i niekoniecznie reprezentują poglądy Departamentu Spraw Weteranów.

Potwierdzenie

Autorzy pragną podziękować dr J. Thomasowi Puglisi, dyrektorowi naczelnemu Office of Research Oversight za wsparcie tego projektu oraz wszystkim urzędnikom ds. zgodności badań VA za ich wkład w przeprowadzanie audytów i gromadzenie danych przedstawionych w niniejszym raporcie.
Ponieważ był to projekt zapewnienia jakości VA i nie zebrano żadnych indywidualnie identyfikowalnych informacji, nie była wymagana kontrola IRB i zatwierdzenie projektu.

Dr Min-Fu Tsan jest zastępcą dyrektora generalnego; **dr Yen Nguyen** jest farmaceutą ds. badań, a **dr Robert Brooks** jest zastępcą dyrektora ds. edukacji i polityki zgodności badań w Biurze Nadzoru nad Badaniami, Departament Spraw Weteranów, Waszyngton, DC.

Odniesienia

1. Tsan MF, Smith K, Gao B. Ocena jakości programów ochrony badań człowieka: Doświadczenie w Departamencie Spraw Weteranów. *IRB: Ethics & Human Research 2010*;32(4):16-19.

2. *Wymogi dotyczące sprawozdawczości w zakresie zgodności badań naukowych.* VHA Handbook 1058.01, Department of Veterans Affairs, 15 listopada 2011 r., http://www1.va.gov/vhapublications/ViewPublication.asp ?pub_ ID=2463.

3. Research Compliance Officer Audit Tools, Office of Research Oversight, Department of Veterans Affairs, http://www.va.gov/ORO/Research_Compliance_Education.asp.

4. *Wymogi dotyczące ochrony uczestników badań naukowych.* VHA Handbook 1200.05, Department of Veterans Affairs, 2 maja 2012, http://www1.va.gov/vhapublications/ViewPublication. asp?pub_ID=2531.

5. Zob. sędziego. 4, Department of Veterans Affairs, 2 maja 2012 r.; *Research and Development Committee.* VHA Handbook 1200.01, Department of Veterans Affairs, 16 czerwca 2009,

http://www1.va.gov/vhapublications/ViewPublication.asp?Pub_ID= 2038

6. Departament Zdrowia i Usług Społecznych USA. Ochrona Osób Zaginionych *45* CFR 46; zob. ref. 4, Departament Spraw Weteranów, 2 maja 2012 r.

7. Zob. sędziego. 4, Departament Spraw Weteranów, 2 maja 2012 r.

8. Zob. sędziego. 6, 45 CFR 46.

9. Zob. sędziego. 4, Departament Spraw Weteranów, 2 maja 2012 r.

10. Zob. sędziego. 4, Department of Veterans Affairs, 2 maja 2012 r.; zob. ref. *5,* Department of Veterans Affairs, 16 czerwca 2009.

11. Zob. sędziego. 1, Tsan et al. 2010.

Rozdział czwarty

Ocena jakości programów ochrony człowieka w ramach VA: VA vs. stowarzyszona instytucjonalna rada rewizyjna uczelni wyższych[3]

poprzez

Min-Fu Tsan, Yen Nguyen i Robert Brooks.

ABSTRACT: Porównaliśmy dane wskaźnika jakości Departamentu Spraw Weteranów (VA) z danymi programu ochrony badań ludzkich (HRPP), wykorzystując własne instytucjonalne tablice przeglądów VA (IRB), z danymi wykorzystującymi stowarzyszone uniwersyteckie tablice IRB. Spośród 25 wskaźników efektywności 13 nie wykazało istotnych statystycznie różnic, a 12 osiągnęło istotne statystycznie różnice. Spośród 12 jednostek o statystycznie istotnych różnicach, jednostki korzystające z własnych IRB VA uzyskały lepsze wyniki na czterech wskaźnikach, podczas gdy jednostki korzystające z powiązanych IRB uzyskały lepsze wyniki na ośmiu. Jednak

[3] Tsan MF, Nguyen Y, Brooks R. Ocena jakości programów ochrony badań nad ludźmi VA: VA vs. partnerska komisja ds. przeglądu instytucjonalnego uniwersytetu. Journal of Empirical Research on Human Research Ethics 8: 153-160, 2013. Prawa autorskie ©2013 SAGE Publikacje. Data urodzenia: 10.1525/jer.2013.8.2.153. Przedrukowany za zgodą SAGE Publications i współautorów.

bezwzględna różnica była niewielka (0,2-2,7%) we wszystkich przypadkach, co sugeruje, że nie miały one znaczenia praktycznego. Stwierdzamy, że akceptowalne jest, aby placówki wykorzystywały własne VA JRB lub stowarzyszone uniwersyteckie IRB jako swoje rekordowe IRB.

SŁOWA KLAWISTE: Program ochrony badań nad ludźmi (HRPP), Rada ds. przeglądu instytucjonalnego (IRE), wskaźniki jakości

Otrzymany: 12 września 2012 r.; zmienione: 28 lutego 2013 r.

Instytucje prowadzące badania na ludziach stworzyły ramy operacyjne, zwane programami ochrony badań człowieka (HRPP), w celu zapewnienia praw i dobrobytu uczestników badań oraz spełnienia wymogów etycznych i regulacyjnych (Instytut Medycyny, 2001). Instytucjonalna rada ds. przeglądu (IRB) jest kluczowym elementem HRPP. Jest on odpowiedzialny za przegląd i zatwierdzanie (lub odrzucanie) protokołów badań na ludziach oraz zapewnianie nadzoru w celu zapewnienia ochrony osób biorących udział w badaniach (Departament Zdrowia i Usług dla Ludzi, 1991). Jednakże badacze, IRB, instytucje, sponsorzy badań oraz rząd federalny dzielą się obowiązkami w zakresie ochrony przedmiotów badań (Instytut Medycyny, 2001).

Departament Spraw Weteranów (VA) Health Care System jest największym zintegrowanym systemem opieki zdrowotnej na świecie. Obecnie istnieje 107 obiektów VA prowadzących badania na ludziach. Oprócz przepisów federalnych regulujących badania na ludziach (Department of Health and Human Services, 1991), naukowcy w systemie opieki zdrowotnej VA muszą również spełniać wymogi ustanowione przez VA. Na przykład, w systemie opieki zdrowotnej VA, IRB jest podkomitetem Komitetu Badań i Rozwoju (R&DC). Badania z udziałem ludzi nie mogą zostać rozpoczęte przed ich zatwierdzeniem zarówno przez IRB, jak i R&DC (Department of Veterans Affairs, 2009, 2010a). Wszyscy badacze VA muszą posiadać zatwierdzone zakresy badań.

Ponadto wszystkie placówki VA prowadzące badania nad ludźmi muszą posiadać akredytację HRPP przez zewnętrzną organizację akredytacyjną na podstawie umowy z VA (Department of Veterans Affairs, 2010a).

Większość placówek VA jest powiązana z krajowymi szkołami medycznymi. Ta przynależność akademicka ułatwiła opiekę nad pacjentem, edukację i misje badawcze VA, jak również powiązanych szkół medycznych. Niektóre ośrodki VA ustanawiają własne IRB, podczas gdy inne korzystają z usług stowarzyszonych uniwersyteckich IRB jako zarejestrowanych IRB na mocy protokołu ustaleń (MOU), MOU określa rolę i obowiązki każdej instytucji i wymaga, aby stowarzyszone uniwersyteckie IRB spełniały szczególne wymogi VA podczas przeglądu i nadzorowania badań VA (Department of Veterans Affairs, 2007, 2010a).

Wcześniej opracowaliśmy zestaw wskaźników do oceny jakości VA HRPP dla celów poprawy jakości (Tsan, Smith, & Gao,2010). Korzystając z tych wskaźników jakości, zebraliśmy dane, aby uzyskać pewien wgląd w jakość i wydajność VA HRPP (Tsan, Nguyen, & Brooks, 2013). Przedstawiamy tutaj wyniki pomiarów jakości VA HRPP porównujących obiekty korzystające z własnych IRB VA z obiektami korzystającymi z własnych IRB uniwersytetu.

Metody

Gromadzenie danych

W ramach programu zapewnienia jakości VA HRPP, każdy ośrodek badawczy VA był zobowiązany do przeprowadzania corocznych audytów wszystkich dokumentów świadomej zgody (ICD) oraz audytów regulacyjnych wszystkich protokołów badań człowieka raz na trzy lata przez wykwalifikowanych urzędników ds. zgodności badań (Department of Veterans Affairs, 2010b). Opracowano narzędzia audytowe na potrzeby corocznych audytów ICD oraz trzyletnich audytów regulacyjnych protokołem (dostępne na stronie http://www.va.gov/0RO/Research_Compliance_Education.asp) Następnie przeszkolono przedsiębiorstwa świadczące usługi w zakresie operacji związanych z infrastrukturą w celu wykorzystania tych narzędzi do przeprowadzania audytów w ciągu całego roku.

Wyniki audytów ICD i audytów regulacyjnych protokołów przeprowadzonych w okresie od 1 czerwca 2010 r. do 31 maja 2011 r. zostały zebrane za pośrednictwem systemu internetowego ze wszystkich 107 obiektów badawczych VA. Zebrane informacje zawierały informacje: ICD oraz ustawa o przenoszeniu i odpowiedzialności w ubezpieczeniach zdrowotnych (HIPAA); wstępne zatwierdzenie przez IRB i R&DC protokołów badań naukowych z udziałem ludzi; zgodność z wybranymi wymogami świadomej zgody; zawieszenie lub zakończenie protokołów badań naukowych z udziałem ludzi; poważne zdarzenia niepożądane związane z badaniami naukowymi (SAEs); zgodność z wymogami ciągłego przeglądu; zapisywanie uczestników zgodnie z kryteriami włączenia i wyłączenia; zakresy praktyki personelu badawczego; oraz szkolenie w zakresie ochrony badań naukowych z udziałem ludzi. Nie zebrano żadnych danych osobowych, które można by było zidentyfikować indywidualnie. Ponieważ był to projekt zapewnienia jakości VA i nie zebrano żadnych indywidualnie identyfikowalnych informacji, nie była wymagana kontrola IRB i zatwierdzenie projektu (Tsan & Puglisi, w prasie).

Analiza danych

Wszystkie zebrane dane zostały wprowadzone do skomputeryzowanej bazy danych do analizy. W razie potrzeby skontaktowano się z obiektami w celu zweryfikowania dokładności i jednolitości zgłaszanych danych.

Do porównania dwóch środków użyto testu t-Studenta w celu określenia poziomu istotności. Do porównania danych binarnych wykorzystano test chisquared. Wartość p < 0,05 została uznana za statystycznie istotną. Ponadto obliczono ryzyko względne i różnice bezwzględne, aby lepiej zrozumieć znaczenie i istotność zaobserwowanych różnic (Matthews & Farewell, 1988).

TABELA 1. Kategorie instrumentów Według rodzajów stosowanych przez Radę ds. Przeglądu Instytucjonalnego ([RB]).

	VA IRB* (ANG. VA IRB)	Pozostałe IRB VA	Podmiot powiązany IRB	Ogółem
Liczba urządzeń	52	19	36	107
Protokoły poddane audytowi	9,270 (178)"*	273 (14)	6,435 (179)	15,978 (149)
Skontrolowane ICD	59,045 (1,135)	1,009 (53)	40,778 (1,132)	100,832 (942)
HIPAAA Zezwolenie poddane audytowi	56,960 (1,095)	769 (40)	38,187 (1,060)	95,916 (896)

*-Indykates facility using its own VA IRB.
** Liczby w nawiasach to średnie liczby na placówkę,

Wyniki

Udogodnienia Korzystanie z VA IRBs vs. uniwersyteckie IRBs

W oparciu o stosowane rodzaje IRB, obiekty VA można podzielić na trzy kategorie: te, które wykorzystują własne IRB VA, te, które wykorzystują IRB innego ośrodka VA, oraz te, które wykorzystują powiązane uniwersyteckie IRB. Jak pokazano w tabeli I, 52 obiekty korzystały z własnych IRB VA, 19 obiektów korzystało z IRB innego obiektu VA, a 36 z powiązanych IRB. W oparciu o liczbę skontrolowanych protokołów, ICD i zezwoleń HIPAAA, ośrodki korzystające z innych IRB VA miały bardzo małe programy badawcze, tj. 14 protokołów na ośrodek, podczas gdy ośrodki korzystające z własnych IRB VA i ośrodki korzystające z powiązanych IRB miały programy badawcze porównywalnej wielkości, tj. 178 vs. 179 protokołów na ośrodek.

TABELA 2. Udogodnienia z własną IRB vs. Udogodnienia z powiązaną IRB

IRB	VA IRB	Podmiot powiązany
Liczba urządzeń	52	36
Całkowita liczba protokołów dotyczących ludzi	9,355	6,765
Średnia ± SD	180+140*	188+194
Zasięg	6-599	3-790

*Wartość P (w stosunku do jednostki stowarzyszonej IRB) = 0,8

TABELA 3. Dokument świadomej zgody (ICD) oraz autoryzacja na mocy ustawy o przenoszeniu i odpowiedzialności w ubezpieczeniach zdrowotnych (HIPAA).

Audyty autoryzacyjne ICD i HIPAAA Audyty autoryzacyjne	VAIRB	Podmiot powiązany IRB	Ogółem*
Łączna liczba skontrolowanych ICD	59,045	40,778	100,832
Niewłaściwie używane ICD	963 (1.63%)**	508 (1.25%)	1.478 (1.47%)
Nie podpisane i opatrzone datą przez osoby, których to dotyczy.	120 (0.20%)**	157 (0.39%)	284 (0.28%)
Całkowita liczba wymaganych zezwoleń HIPAAA Wymagane zezwolenie	56,960	38,187	95,916
Liczba wymaganych zezwoleń HIPAAA Nieuzyskanie zezwolenia HIPAAA	432 (0,76%)**	951 (2.49%)	1,383 (1.44%)

*Suma odnosi się do całkowitej liczby wszystkich skontrolowanych płyt kompaktowych, w tym urządzeń wykorzystujących własne IRB VA (VA IRB), stowarzyszonych IRB (Affiliate IRB) oraz IRB VA innego urządzenia (niewykazane w tym miejscu). W związku z tym całkowita liczba jest większa niż suma liczby jednostek korzystających z własnych IRB VA i jednostek stowarzyszonych IRB. (Dotyczy to wszystkich danych przedstawionych w tabelach 3-11.)

** Wartości P (w porównaniu z jednostką powiązaną IRB) < 0,0001

TABELA 4. Zatwierdzenie protokołu przez Radę ds. Przeglądu Instytucjonalnego (IRB) i Komitet Badań i Rozwoju (R&DC).

Zatwierdzenie protokołu IRB i R&DC	VA IRB* (ANG. VA IRB)	Podmiot powiązany IRB	Ogółem
Całkowita liczba skontrolowanych protokołów badań na ludziach	1,991	1,503	3,558
Przeprowadzono i zakończono bez zatwierdzenia przez IRB.	0 (0.00%)	2 (0.13%)	2 (0.06%)
Przeprowadzono i zakończono bez zatwierdzenia R&DC.	1 (0.05%)	4 (0.27%)	5 (0.14%)
Zainicjowany przed zatwierdzeniem przez IRB.	2 (0.10%)	0 (0.00%)	2 (0.06%)
Zainicjowany przed zatwierdzeniem przez R&DC.	2 (0.10%)	6 (0.40%)	8 (0.22%)

*Wartości P (w porównaniu z jednostką powiązaną IRB) > 0,1

Tabela 2 pokazuje, że nie było statystycznie istotnej różnicy w liczbie aktywnych protokołów badań nad ludźmi pomiędzy obiektami korzystającymi z własnych IRB VA a obiektami korzystającymi z powiązanych IRB, tj. odpowiednio 180 ± 140 (± odchylenie standardowe, S.D.) i 188 ± 194 (± S.D.) (wartość p = 0,8). Z tego powodu porównaliśmy dane dotyczące wskaźników jakości pomiędzy tymi dwiema kategoriami obiektów.

Dokument świadomej zgody i zezwolenie HIPAAA

Polityka VA wymaga uzyskania świadomej zgody od uczestników przy użyciu najnowszego formularza świadomej zgody, który został zatwierdzony przez IRB. Ponadto formularz świadomej zgody powinien być podpisany i opatrzony datą przez uczestnika. Z dniem 31 marca 2011 r. zezwolenia VA HIPAA powinny być samodzielnym dokumentem, a nie połączeniem z formularzem świadomej zgody (Department of Veterans Affairs, 2010a).

Jak pokazuje tabela 3, w okresie od 1 czerwca 2010 r. do 31 maja 2011 r. skontrolowano łącznie 100 832 ICD, 59 045 z zakładów korzystających z własnych IRB VA oraz 40 778 z zakładów korzystających z powiązanych IRB. Proszę zwrócić uwagę, że łączna liczba skontrolowanych ICD obejmowała te z obiektów korzystających z IRB innego ośrodka VA, tj. 1 009, oraz te z obiektów korzystających z własnych IRB VA i tych korzystających z powiązanych IRB, tj. odpowiednio 59 045 i 40 778 (1.009 + 59 045

+ 40 778 = 100 832). Dotyczy to wszystkich kolejnych danych przedstawionych w tabelach 4-11.

Spośród 100 832 skontrolowanych ICD 1 478 (1,47%) nie korzystało z prawidłowej wersji formularzy zgody, a 284 (0,28%) nie było podpisanych i datowanych przez uczestników. Podobne wyniki osiągnięto w przypadku obiektów wykorzystujących własne IRB VA oraz obiektów wykorzystujących stowarzyszone IRB: 963 (1,63%) vs. 508 (1,25%), p < 0,001; oraz 120 (0,20%) vs. 157 (0,39%), p < 0,001, odpowiednio.

Podobnie, łącznie wymaganych było 95 916 zezwoleń HIPAAA, ale nie uzyskano 1 383 (1,44%). Liczba zezwoleń HIPAAA nie uzyskanych w sposób wymagany dla obiektów korzystających z własnych IRB VA oraz obiektów korzystających z powiązanych IRB wynosiła 432 (0,76%) i 952.
(2,49%), p < 0,00 I, odpowiednio.

Zatwierdzenie protokołów przez IRB i R&DC

Polityka VA wymaga, aby wszystkie protokoły dotyczące badań na ludziach były najpierw przeglądane i zatwierdzane przez IRB, a następnie przez R&DC (Department of Veterans Affairs, 2009, 2010a). R&DC jest komitetem odpowiedzialnym za nadzór nad wszystkimi działaniami badawczo - rozwojowymi (R&D) w ramach obiektu i odpowiada za utrzymanie wysokich standardów w całym programie R&D. IRB jest podkomitetem R&DC. Żadna działalność badawcza człowieka w VA nie może zostać rozpoczęta przed zatwierdzeniem IRB i R&DC (tamże).

Jak wynika z tabeli 4, w okresie od 1 czerwca 2010 r. do 31 maja 2011 r. przeprowadzono audyty regulacyjne w odniesieniu do łącznie 3 558 protokołów dotyczących badań na ludziach. Spośród tych 3 558 protokołów, 2 (0,06%) protokoły zostały przeprowadzone i wypełnione bez wymaganego zatwierdzenia IRB, 5 (0,14%) zostało przeprowadzonych i wypełnionych bez wymaganego zatwierdzenia R&DC, 2 (0,06%) zostało zainicjowane przed zatwierdzeniem IRB, a 8 (0,22%) zostało zainicjowane przed zatwierdzeniem R&DC.

Podobne dane liczbowe dla obiektów wykorzystujących własne IRB VA oraz korzystających z powiązanych IRB były: 0 (0%) i 2 (0,13%); 1 (0,05%) i 4 (0,27%); 2 (0,10%) i 0 (0%); oraz 2 (0,10%) i 6 (0,40%), odpowiednio (wartości $p > 0,1$).

Za przyczynę Zawieszenie lub zakończenie pracy

W tabeli 5 przedstawiono liczbę protokołów, które zostały zawieszone lub wypowiedziane z powodu usterki w okresie od dnia 1 czerwca 2010 r. do dnia 31 maja 2011 r. Spośród 3 558 skontrolowanych protokołów badań na ludziach 47 (1,32%) protokołów zostało zawieszonych lub zakończonych z powodu. Szesnaście (0,45 %) protokołów zostało zawieszonych lub wypowiedzianych z powodu obaw związanych z bezpieczeństwem ludzi, natomiast 31 (0,87 %) protokołów zostało zawieszonych lub wypowiedzianych z powodu obaw związanych z badaczami.

Podobne wyniki uzyskano w przypadku zakładów wykorzystujących własne IRB VA oraz zakładów korzystających z powiązanych IRB: 1,991 i 1,503 protokołów; 34 (1,71%) i 9 (0,06%), $p < 0,05$; 10 (0,50%) i 6 (0,40%), $p > 0,8$; oraz 24 (1,21%) i 3 (0,20%), $p < 0,002$, odpowiednio.

TABELA 5. Za przyczynę Zawieszenie lub wypowiedzenie protokołów

Za przyczynę Zawieszenie lub wypowiedzenie protokołów	VA IRB	Podmiot powiązany IRB	Ogółem
Całkowita liczba skontrolowanych protokołów badań na ludziach	1,991	1,503	3,558
Protokoły zawieszone/wygaśnięte	34 (1.71%)*	9 (0.60%)	47 (1.32%)
Ze względu na troskę o ludzi.	10 (0.50%)**	6 (0.40%)	16 (0.45%)
W związku z obawami dotyczącymi pracowników dochodzeniowych	24 (1.21%)***	3 (0.20%)	31 (0.87%)

Wartości P (w stosunku do Afiliacyjnego IRB): * = 0.005; ** > 0.8; *** = 0.002

TABELA 6. Lokalne poważne zdarzenia niepożądane (SAE).

Lokalne SAE	VA IRB	Podmiot powiązany IRB	Ogółem
Całkowita liczba skontrolowanych protokołów badań na ludziach	1,991	1,503	3,558
Lokalne działania agrośrodowiskowe uznane za poważne, nieprzewidziane i związane z badaniami naukowymi	35*	7	43
Wynikiem tego jest hospitalizacja.	9**	1	10
Wywołało to śmierć.	0	0	0

Wartość P (w porównaniu z partnerem IRB): * < 00005; ** > 0,05

Lokalne SAE

Spośród 3 558 skontrolowanych protokołów badań na ludziach, 43 lokalne działania agrośrodowiskowe zostały uznane przez IRB za poważne, nieprzewidziane i związane lub prawdopodobnie związane z badaniami. Spośród nich 10 spowodowało hospitalizację, a żadne nie spowodowało śmierci (tabela 6).

Podobne wyniki uzyskano w przypadku zakładów wykorzystujących własne IRB VA oraz zakładów korzystających z powiązanych IRB: 1,991 i 1,503 protokołów; odpowiednio 35 i 7, p < 0,0005; 9 i 1, p > 0,05.

TABELA 7, Lapse in Continuing lub Annual Reviews.

Lapse In Continuing lub Annual Reviews (Przeglądy ciągłe lub roczne)	VA IRB	Podmiot powiązany IRB	Ogółem
Łączna liczba protokołów badań na ludziach, które wymagają ciągłych przeglądów.	1,659	1,234	2,942
Utrata ważności w ramach ciągłego przeglądu IRB.	135 (8.14%)*	68 (5.51%)	208 (7.07%)
Kontynuacja działalności badawczej w okresie przejściowym	6 (0,36%)**	0 (0.00%)	6 (0.20%)

Wartości P (w stosunku do Afiliacyjnego IRB): *< 0.005; **> 0.05

TABELA 8. Przegląd Historii poszczególnych przypadków.

Przegląd historii spraw będących przedmiotem sporu	VA IRB	Podmiot powiązany IRB	Ogółem
Łączna liczba przeanalizowanych historii spraw	13,642	9,272	23,657
Brak dokumentacji potwierdzającej, że świadomą zgodę uzyskano przed wszczęcie procedury badawczej	38 (0.28%)*	1 (0.01%)	39 (0.16%)
Brak dokumentacji potwierdzającej spełnienie kryteriów włączenia.	191 (1.40%)*	35 (0.38%)	226 (0.96%)
Brak dokumentacji potwierdzającej spełnienie kryteriów wykluczenia.	151 (1.11%)*	16(0.17%)	167 (0.71%)

• Wartość P (w porównaniu z partnerem IRB) < 0,0001

TABELA 9. Personel badawczy Zakres praktyki.

Przegląd personelu naukowo-badawczego Zakres praktyki	VA IRB	Podmiot powiązany IRB	Ogółem
Łączna liczba personelu badawczego w skontrolowanych protokołach dotyczących ludzi	7,978	4,172	12,328
Bez zakresu praktyki (SPO)	201 (2.52%)*	91 (2.18%)	294 (2.38%)
Praca poza SOP	7 (0,09%)*	2 (0.05%)	9 (0.07%)

* Wartość P (w stosunku do jednostki stowarzyszonej IRB) > 0,1

Lapse in Continuing Reviews (Opóźnienie w kontynuowaniu przeglądów)

Przepisy federalne i polityka VA wymagają, aby organy IRB przeprowadzały ciągły przegląd badań nad ludźmi w odstępach czasu odpowiednich do stopnia ryzyka, ale nie rzadziej niż raz w roku (Department of Health and Human Services, 1991; Department of Veterans Affairs, 2010a).

Z 3 558 skontrolowanych protokołów dotyczących badań na

ludziach, 2 942 protokoły wymagały ciągłych przeglądów IRB. Dwieście osiem protokołów (7,07%) wygasło w przeglądach IRB, a w 6 (0,20%) z tych 208 protokołów badacze kontynuowali działalność badawczą podczas tego okresu (tabela 7).

Podobne wyniki uzyskano w przypadku zakładów wykorzystujących własne IRB VA oraz zakładów korzystających z powiązanych IRB: 1,659 i 1,234 protokoły; 135 (8,14%) i 68 (5,51%), $p < 0,005$; oraz 6 (0,36%) i 0 (0%), $p > 0,05$, odpowiednio.

Przegląd historii spraw będących przedmiotem sporu

Jak pokazano w tabeli 8, w tym okresie dokonano przeglądu 23 657 historii przypadków z 3 558 protokołów dotyczących ludzi. Spośród 23 657 skontrolowanych historii przypadków świadomej zgody 39 (0,16%) uczestników nie uzyskano przed rozpoczęciem procedur badawczych; 226 (0,96%) przypadków nie posiadało dokumentacji potwierdzającej spełnienie kryteriów włączenia, a 167 (0,71%) przypadków nie posiadało dokumentacji potwierdzającej spełnienie kryteriów wykluczenia.

Podobne wyniki uzyskano w przypadku zakładów wykorzystujących własne IRB VA oraz zakładów korzystających z powiązanych IRB: 13 642 i 9 272 historie spraw; 38 (0,28%) i 1 (0,01%); 191 (1,40%) i

35 (0,38%) oraz 151 (1,11%) i 16 (0,17%), odpowiednio (wartości p< 0,0001).

Personel badawczy Zakres praktyki

Polityka VA wymaga, aby cały personel badawczy posiadał zatwierdzony zakres praktyki badawczej lub oświadczenie funkcjonalne określające obowiązki, które dana osoba posiada kwalifikacje i może wykonywać dla celów badawczych (Department of Veterans Affairs, 20lOa).

Jak pokazano w tabeli 9, łącznie 12 328 pracowników naukowych, którzy uczestniczyli w 3 558 protokołach z badań na ludziach, zostało poddanych audytowi. Spośród nich 294 (2,38%) nie miało zatwierdzonego zakresu badawczego praktyki; 9 (0,07%) miało zatwierdzony zakres badawczy praktyki, ale pracowało poza zakresem badawczym praktyki.

Podobne wyniki uzyskano w przypadku zakładów wykorzystujących własne IRB VA oraz zakładów korzystających z powiązanych IRB: 7 978 i 4 172 pracowników naukowych; 201 (2,52%) i 91 (2,18%); oraz odpowiednio 7 (0,09%) i 2 (0,05%) (wartości p> 0,1).

Wymogi dotyczące szkolenia personelu badawczego

Polityka VA wymaga, aby cały personel badawczy, który uczestniczy w badaniach na ludziach, ukończył wstępne i roczne szkolenie w zakresie zasad etycznych i przyjętych dobrych praktyk klinicznych (Department of Veterans Affairs, 2010a).

TABELA 10. Szkolenie personelu badawczego.

Przegląd personelu naukowo-badawczego: Dokumentacja szkoleniowa	VA IRB	Podmiot powiązany IRB	Ogółem
Łączna liczba personelu badawczego w skontrolowanych protokołach dotyczących ludzi	7,978	4,172	12,328
Wymagane szkolenie nie jest aktualne.	302 (3.79%)*	139 (3.33%)	442 (3.59%)
Bez szkolenia wstępnego	51 (0.64%)**	41 (0.98%)	92 (0.75%)
Lapse w szkoleniu ustawicznym	251 (3.15%)**	98 (2.35%)	350 (2.84%)

Wartości P {vs. Affiliate IRB): * > 0.2; ** < 0.05

TABELA 11. Badania z udziałem populacji wrażliwych.

Badania wymagające zatwierdzenia przez CRADO	VA IRB* (ANG. VA IRB)	Podmiot powiązany IRB	Ogółem
Łączna liczba skontrolowanych protokołów badań na ludziach	1,991	1,503	3,558
Liczba międzynarodowych protokołów badawczych	2	0	2
Bez zatwierdzenia przez CRAOOO.	0	0	0
Liczba protokołów dotyczących dzieci	2	3	5
Bez zatwierdzenia CRADO	1(50%)	2 (67%)	3 (60%)
Liczba protokołów dotyczących więźniów	0	0	0

* Wartość P (w stosunku do jednostki stowarzyszonej IRB) > 0,1

Tabela 10 pokazuje, że z 12 328 skontrolowanych pracowników naukowych 442 (3,59 %) nie utrzymało obecnych wymogów w zakresie szkoleń, w tym 92 (0,75 %) bez wymaganego szkolenia początkowego oraz 350 (2,84 %), które nie spełnia wymogów w zakresie szkolenia ustawicznego.

Podobne wyniki uzyskano w przypadku zakładów wykorzystujących własne IRB VA oraz zakładów korzystających z powiązanych IRB: 302 (3,79%) i 139 (3,33%), p > 0,2; 51 (0,64%) i 41 (0,98%), p < 0,05; oraz 251 (3,15%) i 98 (2,35%), p < 0,05, odpowiednio.

Badania z udziałem słabszych grup społecznych

Polityka federalna wymaga, aby wszystkie osoby biorące udział w badaniach na stronach międzynarodowych miały zapewnioną odpowiednią ochronę, która jest zgodna z ochroną udzielaną podmiotom badawczym w Stanach Zjednoczonych, jak również ochronę uważaną za właściwą przez władze lokalne i zwyczaj na stronach międzynarodowych (Department of Health and Human Services, 1991). Polityka VA wymaga uzyskania zgody dyrektora ds. badań i rozwoju (CRADO) przed rozpoczęciem jakichkolwiek badań międzynarodowych zatwierdzonych przez VA (Department of Veterans Affairs, 2010a).

Polityka federalna wymaga dodatkowej ochrony w przypadku, gdy w badania naukowe zaangażowane są grupy szczególnie narażone, takie jak dzieci i więźniowie. Polityka VA wymaga uzyskania zgody CRADO przed rozpoczęciem jakichkolwiek badań dotyczących dzieci lub więźniów (tamże).

Jak pokazano w tabeli 11, z 3 558 skontrolowanych protokołów badań na ludziach, przeprowadzono dwa międzynarodowe badania. Oba zostały przeprowadzone w obiektach z wykorzystaniem własnych IRB VA i posiadały wymagane zezwolenie CRADO. Nie prowadzono badań z udziałem więźniów.

W sumie istniało pięć protokołów dotyczących dzieci, z których trzy nie posiadały wymaganego zatwierdzenia przez CRADO. Podobne wyniki uzyskano w przypadku zakładów wykorzystujących własne IRB VA oraz zakładów korzystających z powiązanych IRB: 2 i 3 protokoły; odpowiednio 1 (50%) i 2 (67%), $p > 0,1$.

Dyskusja

Dane przedstawione w niniejszym raporcie wydają się być podobne do danych zebranych w poprzednim roku pomiędzy czerwcem l, 2009 r. a 30 maja 2010 r. (Tsan, Nguyen, & Brooks, 2013 r.), co sugeruje, że zastosowane narzędzia audytu były wiarygodne, dając spójne dane. Ponieważ jednym z głównych celów gromadzenia danych dotyczących wskaźników jakości jest poprawa jakości, z zadowoleniem należy zauważyć, że niektóre zakłady VA zaczynają wykorzystywać te dane do wdrażania środków mających na celu poprawę swoich HRPP. Istotne byłoby dalsze monitorowanie tych danych dotyczących zapewniania jakości w celu sprawdzenia, czy w nadchodzących latach nastąpiła poprawa.

Celem niniejszego raportu jest porównanie danych wskaźnika jakości HRPP pomiędzy obiektami korzystającymi z własnych IRB VA a obiektami korzystającymi z powiązanych z nimi uniwersyteckich IRB. Ponieważ VA nakłada dodatkowe wymagania wykraczające poza federalne regulacje dotyczące badań na ludziach, pojawiło się pytanie, czy obiekty wykorzystujące własne IRB VA oraz obiekty wykorzystujące stowarzyszone uniwersyteckie IRB działają inaczej. Odpowiedź na to pytanie może mieć istotne konsekwencje polityczne dla

VA.

Jak pokazano w tabelach 1 i 2, wielkość programów badań nad ludźmi mierzona liczbą aktywnych protokołów badań nad ludźmi w obiektach wykorzystujących własne IRB VA oraz w obiektach wykorzystujących stowarzyszone IRB wydawała się podobna. Podobnie, średnia liczba ICD, zezwoleń HIPAAA i protokołów poddanych audytowi w poszczególnych zakładach również była podobna.

W badaniu tym zmierzono łącznie 25 różnych wskaźników wydajności; 13 nie wykazało statystycznie istotnych różnic pomiędzy obiektami korzystającymi z własnych IRB VA a obiektami korzystającymi z powiązanych IRB, natomiast 12 wykazało statystycznie istotne różnice. Spośród 12 wskaźników wydajności ze statystycznie istotnymi różnicami, obiekty korzystające z własnych IRB VA uzyskały lepsze wyniki na czterech wskaźnikach, podczas gdy obiekty korzystające z powiązanych IRB uzyskały lepsze wyniki na ośmiu wskaźnikach. Ponieważ jednak wielkość próby była duża, raczej niewielka zaobserwowana różnica może być statystycznie istotna, ale bez znaczenia praktycznego i przydatności. Dlatego też do oceny znaczenia i istotności zaobserwowanych efektów wykorzystaliśmy również relatywne ryzyka i różnice bezwzględne.

Obiekty korzystające z własnych IRB VA były o 30% bardziej prawdopodobne niż te, które korzystały z niepoprawnych ICD (zob. tabela 1, 1,63%/1,25% = 1,304). Różnica bezwzględna (AD) wynosiła 4 ICD na 1000 (tj. 0,4%) poddanych kontroli (16,3 ICD dla VA IRB w porównaniu z 12,4 ICD dla powiązanych IRB).

Obiekty wykorzystujące stowarzyszone IRB były dwa razy bardziej prawdopodobne niż te, które wykorzystują własne IRB VA, aby ICD nie były podpisane lub nie były datowane przez uczestników. W przeliczeniu na 1 000 (0,2 %) skontrolowanych AD wynosiło 2 ICDs.

Obiekty wykorzystujące afiliacyjne IRB były trzykrotnie bardziej prawdopodobne niż te, które wykorzystują własne IRB VA, aby nie uzyskać zezwolenia HIPAAA. AD wynosi 16 zezwoleń HIPAAA na 1 000 (1,6 %) poddanych audytowi.

Obiekty korzystające z własnych IRB VA były trzykrotnie bardziej prawdopodobne niż te korzystające z powiązanych IRB do zawieszania protokołów (AD: 11 protokołów zawieszonych na 1000 [1,1%] skontrolowanych) i sześć razy bardziej prawdopodobne do zawieszania protokołów ze względu na obawy badaczy (AD: 10 protokołów zawieszonych na 1000 [1,0%] skontrolowanych).

Placówki korzystające z własnych IRB VA zgłosiły cztery razy więcej SAE związanych z badaniami niż te, które korzystają z własnych IRB. AD wynosi 13 SAE na 1 000 skontrolowanych protokołów (1,3 %).

Udogodnienia wykorzystujące własne IRB VA były o 30% bardziej prawdopodobne niż te, które używają powiązanych IRB, aby mieć protokoły, które wygasły w kolejnych przeglądach. AD wygasło 26 protokołów na 1 000 skontrolowanych protokołów (2,6 %).

Obiekty korzystające z własnych IRB VA były 28 razy bardziej prawdopodobne niż te, które korzystały z powiązanych IRB, aby nie dokumentować, że ICD zostały uzyskane przed rozpoczęciem badań. AD wynosi 27 protokołów na 1 000 (2,7 %) poddanych kontroli.

Obiekty wykorzystujące własne IRB VA prawdopodobnie 3,5 razy częściej nie dokumentowały spełnienia kryteriów włączenia (AD: 10 historii spraw na 1 000 [1,0 %] skontrolowanych); oraz 6,5 razy bardziej prawdopodobne, że nie dokumentowały spełnienia kryteriów wyłączenia niż obiekty wykorzystujące powiązane IRB (AD: 10 historii spraw na 1 000 [1,0 %] skontrolowanych). Obiekty wykorzystujące własne IRB VA oraz te wykorzystujące stowarzyszone IRB miały taki sam odsetek personelu badawczego, któremu brakowało wymaganego szkolenia. Jednakże zakłady korzystające ze stowarzyszonych jednostek IRB miały o 30% większe prawdopodobieństwo posiadania personelu badawczego bez wstępnego szkolenia badawczego (AD: 3 jednostki badawcze na 1000 [0,3%] poddanych audytowi), natomiast zakłady korzystające z własnych jednostek IRB VA miały o 30% większe prawdopodobieństwo posiadania personelu badawczego, który stracił zdolność do spełnienia wymogów dotyczących ustawicznego szkolenia (AD: 8 jednostek badawczych na 1000 [0,8%] poddanych audytowi).

Wykazano, że wykorzystanie względnego ryzyka ma tendencję do wyolbrzymiania efektu, zwłaszcza gdy obserwowane różnice są niewielkie, jak w naszym przypadku (Covey, 2007). Ponieważ bezwzględna różnica jest niewielka (0,2-2,7%) we wszystkich przypadkach, uważamy, że powyższe zaobserwowane różnice mają niewielką, jeśli w ogóle, wartość praktyczną.

Chcielibyśmy podkreślić, że to, co tu mierzyliśmy, to jakość HRPP tych ośrodków badawczych VA, wykorzystujących własne IRB VA oraz tych, które wykorzystują IRB uniwersytetu stowarzyszonego, wykorzystując opracowane przez nas wcześniej HRPP QIs (Tsan, Smith, & Gao, 2010). Nie mierzyliśmy jakości IRB ani VA, ani stowarzyszonych IRB uniwersytetów, ani jakości ocen IRB dokonywanych przez VA IRB i stowarzyszone IRB uniwersytetów. W związku z tym nie należy wyciągać wniosków na podstawie tych danych dotyczących jakości VA IRBs vs. stowarzyszone uniwersyteckie IRBs, ani jakości przeglądów IRB przez VA IRBs lub stowarzyszone IRBs.

Wniosek

W oparciu o powyższą analizę, uważamy, że obiekty wykorzystujące własne IRB VA oraz te, które wykorzystują IRB uniwersytetów afiliowanych, osiągnęły dobre wyniki we wszystkich ocenianych wskaźnikach jakości. Niewielkie różnice zaobserwowano w niektórych wskaźnikach jakości pomiędzy zakładami korzystającymi z własnych IRB VA a zakładami korzystającymi z powiązanych IRB. Jednak różnice te nie miały prawdopodobnie żadnego praktycznego znaczenia. W związku z tym stwierdzamy, że akceptowalne jest, aby ośrodki VA wykorzystywały własne IRB VA lub stowarzyszone uniwersyteckie IRB jako swoje rekordowe IRB.

Potwierdzenie

Autorzy pragną podziękować dr J. Thomasowi Puglisi, dyrektorowi naczelnemu Office of Research Oversight za wsparcie tego projektu oraz wszystkim urzędnikom ds. zgodności z przepisami VA ds. badań za ich wkład w przeprowadzanie audytów i gromadzenie danych przedstawionych w niniejszym raporcie. Poglądy przedstawione w niniejszym raporcie są poglądami autorów i niekoniecznie reprezentują poglądy Departamentu Spraw Weteranów.

Nota dla autorów

Adres do korespondencji: Min-Fu Tsan, Office of Research Oversight (ORO), 810 Vermont Ave. N.W., Washington, DC 20240. Telefon: 202-632-7678; E-MAIL:_minfu.tsan2@va.gov.

Szkice biograficzne autorów

Min-Fu Tsan jest zastępcą dyrektora naczelnego Biura ds. nadzoru nad badaniami naukowymi VA. Był odpowiedzialny za analizę danych wskaźnika jakości i przygotowanie manuskryptu.
Yen Nguyen jest farmaceutą ds. badań w VA Office of Research Oversight. Była odpowiedzialna za zbieranie danych

dotyczących wskaźników jakości oraz uczestniczyła w analizie i przygotowaniu manuskryptu.

Robert Brooks jest zastępcą dyrektora ds. edukacji w zakresie zgodności z przepisami dotyczącymi badań i polityki w Biurze ds. Uczestniczył w gromadzeniu i analizie danych dotyczących wskaźników jakości oraz przygotowaniu manuskryptu.

Odniesienia

Covey, J. (2007). Metaanaliza efektów prezentowania korzyści płynących z leczenia w różnych formatach. *Podejmowanie decyzji dotyczących medycyny,* 27(5), 638-654.

Departament Zdrowia i Usług Społecznych. (1991). *Federalna polityka ochrony ludzi.* 45 Kodeks przepisów federalnych (C.F.R.) 46.

Departament Spraw Weteranów. (2007). *Zapewnienie ochrony podmiotów ludzkich w badaniach naukowych.* VHA Handbook 1058.03, http://wwwl.va.gov/vhapublications/.

Departament Spraw Weteranów. (2009). *Komitet Badań i Rozwoju.* VHA Handbook 1200.01, http://wwwl.va. gov/vhapublications/.

Departament Spraw Weteranów. (2010a). *Wymagania w zakresie ochrony uczestników badań naukowych.* VHA Handbook 1200.05, http://wwwl.va.gov/vhapublications/.

Departament Spraw Weteranów. (2010b). *Wymogi dotyczące sprawozdawczości w zakresie zgodności badań.* VHA Handbook 1058.01, http:// wwwl.va.gov/vhapublications/.

Instytut Medycyny. (2001). *Zachowanie zaufania publicznego: Akredytacja i programy ochrony uczestników badań nad ludźmi.* Waszyngton, DC: National Academies Press.

Matthews, D.E., & Farewell, V. T. (1988). *Używanie i*

zrozumienie statystyk medycznych, wydanie drugie, Bazylea, Szwajcaria:
S. Karger AG.

Tsan, M. F., Nguyen, Y., & Brooks, R. (2013). Korzystanie z jakości wskaźniki do oceny programów ochrony badań człowieka w Departamencie Spraw Weteranów. *IRB: Ethics & Human Research, 35(1)*, 10-14.

Tsan, M. F., & Puglisi, J. T. (w prasie). Operacje opieki zdrowotnej działania, które mogą stanowić badania naukowe: Departament Perspektywa spraw weteranów. *IRB: Etyka i badania nad ludźmi.*

Tsan, M. F., Smith, K., & Gao, B. (2010). Ocena jakości programów ochrony badań człowieka: Doświadczenie w Departamencie Spraw Weteranów. *IRB; Ethics & Human Research, 32(4)*, 16-19.

Rozdział piąty

Programy ochrony badań nad ludźmi w Departamencie Spraw Weteranów: Wskaźniki jakości i wielkość programu[4]

poprzez

Yen Nguyen, Robert Brooks i Min-Fu Tsan.

Wcześniej informowaliśmy o zestawie wskaźników, które zostały opracowane przez Biuro Nadzoru Naukowego przy Departamencie Spraw Weteranów (VA) w celu oceny jakości programów ochrony badań nad ludźmi (HRPP). [1] Wykorzystując te wskaźniki jakości, zebraliśmy dane w celu oceny jakości i wydajności programów kadrowych VA. [2] Niedawno porównaliśmy wyniki pomiarów jakości VA HRPP między placówkami, które korzystały z własnych instytucjonalnych komisji ds. przeglądu VA (IRB), a tymi, które korzystały z IRB stowarzyszonych z nimi uniwersytetów, i doszliśmy do wniosku, że placówki sprawdziły się równie dobrze. [3] W tym miejscu przedstawiamy wyniki danych wskaźnika jakości VA HRPP porównując obiekty o różnej wielkości programów badań nad ludźmi.

---

[4] Nguyen Y, Brooks R, Tsan MF. Programy ochrony badań nad ludźmi w Departamencie Spraw Weteranów: Wskaźniki jakości i wielkość programu. *IRB: Ethics and Human Research*, 36(4): 16-20, 2014. Prawa autorskie ©2014 Centrum Hastingsa. Przedrukowany za zgodą Centrum Hastings i współautorów.

Wskaźniki jakości i wielkość zasobów ludzkich (HRPP)

System opieki zdrowotnej VA jest największym zintegrowanym systemem opieki zdrowotnej w kraju. W 2011 r. istniało 107 placówek VA prowadzących badania na ludziach. Oprócz przepisów federalnych regulujących badania z ludźmi[4], naukowcy w systemie opieki zdrowotnej VA muszą również spełniać wymagania określone przez VA. Na przykład, w systemie opieki zdrowotnej VA, IRB jest podkomitetem Komitetu Badań i Rozwoju (R&DC). R&DC jest komitetem odpowiedzialnym za nadzór nad wszystkimi działaniami badawczo - rozwojowymi (R&D) w ośrodku i odpowiada za utrzymanie wysokich standardów w całym programie R&D. Badania z udziałem ludzi nie mogą zostać rozpoczęte, dopóki nie zostaną zatwierdzone zarówno przez IRB, jak i R&DC. [5] Wszyscy badacze VA są zobowiązani do posiadania zatwierdzonych zakresów praktyk w zakresie badań i pełnego szkolenia w zakresie zasad etycznych oraz przyjętych dobrych praktyk klinicznych. Ponadto, wszystkie obiekty VA, które prowadzą badania nad ludźmi, muszą posiadać akredytację HRPP przez zewnętrzną organizację akredytacyjną na podstawie umowy z VA. [6]

W ramach programu zapewnienia jakości VA HRPP, każdy ośrodek badawczy VA był zobowiązany do przeprowadzania raz na trzy lata corocznych audytów wszystkich dokumentów zgody i audytów regulacyjnych wszystkich protokołów badań człowieka. Audyty te przeprowadzili wykwalifikowani inspektorzy ds. zgodności badań naukowych. [7] Opracowano narzędzia audytu na potrzeby rocznego dokumentu zatwierdzającego oraz trzyletnich audytów regulacyjnych protokołem. [8] audytów regulacyjnych w ramach protokołu ograniczono do trzyletniej analizy retrospektywnej protokołów. Urzędnicy ds. zgodności z przepisami dotyczącymi badań w każdym z obiektów zostali następnie przeszkoleni w zakresie stosowania tych narzędzi do przeprowadzania audytów w ciągu roku.

Wyniki audytów dokumentów zatwierdzających oraz audytów regulacyjnych protokołów przeprowadzonych w okresie od 1 czerwca 2010 r. do 31 maja 2011 r. zostały zebrane za pośrednictwem systemu internetowego ze wszystkich 107 obiektów badawczych VA.
Zebrane informacje obejmowały

- zgodność z dokumentami zgody oraz wymogami autoryzacji określonymi w ustawie o przenoszeniu i rozliczalności ubezpieczenia zdrowotnego (HIPAA),
- zgodność z wymogami dotyczącymi wstępnego zatwierdzania protokołów badań człowieka przez IRB i R&DC,
- zgodność z wybranymi wymogami dotyczącymi zgody,
- w celu zawieszenia lub wypowiedzenia protokołów z badań nad ludźmi,

- poważne zdarzenia niepożądane związane z badaniami naukowymi (SAE),
- zgodność z wymogami stałego przeglądu,
- rejestracja uczestników według kryteriów włączenia i wykluczenia,
- zakres praktyk personelu badawczego, oraz
- szkolenia w zakresie ochrony badań człowieka dla pracowników dochodzeniowych.

Ponieważ był to projekt zapewnienia jakości VA i nie zebrano żadnych indywidualnie identyfikowalnych informacji, nie była wymagana kontrola IRB i zatwierdzenie projektu. [9] Wszystkie zebrane dane zostały wprowadzone do skomputeryzowanej bazy danych do analizy. W razie potrzeby skontaktowano się z obiektami w celu zweryfikowania dokładności i jednolitości zgłaszanych danych. Test chi-squared wykorzystano do określenia różnic pomiędzy trzema grupami (przy użyciu 2 na 3 tabele awaryjne). Różnica została uznana za znaczącą przy $p < 0,05$.10.

Rozmiary programów badawczych VA Facility Human Research Programs. W oparciu o liczbę aktywnych protokołów badań na ludziach, podzieliliśmy ośrodki badawcze VA na trzy grupy: małe, średnie i duże programy badawcze. Trzydzieści osiem obiektów miało średnią 18,4 protokołów badań na ludziach (zakres: 1-47) i zostało wyznaczonych jako obiekty z małymi (tj. < 50 aktywnych protokołów badań na ludziach) programami badań na ludziach; 39 obiektów miało średnią 121,9 protokołów (zakres: 51-199) i zostało wyznaczonych jako obiekty ze średnią (tj, 50-200) programy badań na ludziach; a 30 obiektów posiadało średnio 365,5 protokołów (zasięg, 206-790) i zostało wyznaczonych jako obiekty z dużymi (tj. > 200) programami badań na ludziach (tabela 1).

Tabela 1. Kategorie obiektów zgodnie z liczbą aktywnych protokołów badań naukowych z udziałem ludzi.

Program badań nad ludźmi w ośrodku	Mały rozmiar (< 50)	Średni rozmiar (50-200)	Duży rozmiar (>200)	Ogółem
Liczba urządzeń	38	39	30	107
Łączna liczba protokołów	700	4,756	10,965	16,421
Średnia (Zakres)	18.4 (1-47)	121.9 (51-199)	365.5 (206-790)	153.5 (1-790)

Tabela 2. Instytucjonalna Rada Rewizyjna (IRB) ewidencji

IRB of Record	Mały rozmiar (< 50)	Średni rozmiar (50-200)	Duży rozmiar (>200)	Ogółem

Własne VA IRB IRB	8	27	17	52
Pozostałe IRB VA	18	1	0	19
Podmiot powiązany IRB	12	11	13	36
Ogółem	38	39	30	107

Pięćdziesiąt dwa z tych zakładów posiadały własne IRB VA, 36 zakładów wykorzystywało IRB uniwersytetów afiliowanych jako swoje IRB rekordowych, a 19 zakładów wykorzystywało IRB innych zakładów jako swoje IRB rekordowych (tabela 2).

Większość obiektów z małymi programami badawczymi wykorzystywała albo inne IRB VA (18% lub 47%) albo stowarzyszone IRB (12% lub 31%) jako swoje rekordowe IRB; tylko osiem obiektów (21%) posiadało własne IRB VA. Natomiast większość obiektów z średnimi i dużymi programami badawczymi posiadała własne IRB VA (tj. odpowiednio 69% i 57%).

Dokument zgody i autoryzacja HIPAAA. Polityka VA wymaga uzyskania zgody od uczestników badań przy użyciu najnowszego zatwierdzonego przez IRB dokumentu zgody. Ponadto dokument zgody musi być podpisany i opatrzony datą przez uczestnika. Z dniem 31 marca 2011 r. VA wymaga, aby zezwolenie HIPAAA na wykorzystywanie i ujawnianie chronionych informacji zdrowotnych było uzyskiwane na podstawie odrębnego dokumentu, a nie łączone z formularzem zgody. [11]

Tabela 3 przedstawia wyniki audytów dokumentów zgody i formularzy autoryzacji HIPAA. Wystąpiły istotne różnice pomiędzy trzema grupami w zakresie wskaźnika wykorzystania nieprawidłowych dokumentów zgody, wskaźnika nie podpisanych i datowanych przez uczestników badań dokumentów zgody oraz wskaźnika nieotrzymania wymaganych zezwoleń HIPAA. Placówki z dużymi programami badawczymi (1,51%) wykazywały wyższy odsetek nieprawidłowych dokumentów zgody niż placówki z małymi (0,74%) i średnimi (1,43%) programami badawczymi ($p < 0,005$). Obiekty z małymi programami badawczymi (0,50%) wydawały się mieć wyższy wskaźnik dokumentów zgody nie podpisanych i datowanych przez uczestników niż obiekty ze średnimi (0,20%) i dużymi (0,30%) programami badawczymi ($p < 0,005$). Podobnie, obiekty z dużymi programami badawczymi (1,57%) wydawały się mieć wyższy wskaźnik nieosiągnięcia wymaganych zezwoleń HIPAA niż obiekty z małymi (0,98%) i średnimi (1,12%) programami badawczymi ($p < 0,00001$).

IRB oraz R&DC Zatwierdzenie protokołów. Polityka VA wymaga, aby wszystkie protokoły badań na ludziach były najpierw przeglądane i zatwierdzane przez IRB, a następnie przez R&DC. Żadna działalność badawcza człowieka nie może zostać zainicjowana przez VA przed zatwierdzeniem IRB i R&DC. [12]

Tabela 4 przedstawia wyniki wstępnego zatwierdzenia protokołu przez R&DC i IRB. Liczba i wskaźnik protokołów niezatwierdzonych przez R&DC i/lub IRB przed rozpoczęciem badania były bardzo małe i nie było istotnej różnicy pomiędzy obiektami z małymi, średnimi i dużymi programami badawczymi.

Tabela 3. Dokument świadomej zgody (ICD) oraz upoważnienie do przeniesienia i odpowiedzialności w ubezpieczeniach zdrowotnych (HIPAA).

Audyty autoryzacyjne ICD i HIPAAA Audyty autoryzacyjne	Mały program	Program średni	Duży program	Ogółem
Łączna liczba skontrolowanych ICD	2,576	25,249	73,007	100,832
• Niewłaściwie używane ICD	19 (0.74%)*	360 (1.43%)	1,099 (1.51%)	1,078 (1.47%)
• Nie podpisane i opatrzone datą przez osoby, których to dotyczy.	13 (0.50%)*	50 (0.20%)	221 (0.30%)	284 (0.28%)
Całkowita liczba wymaganych zezwoleń HIPAAA Wymagane zezwolenie	2,234	24,666	69,016	95,916
• Liczba wymaganych zezwoleń HIPAAA Nieuzyskanie zezwolenia HIPAAA	22 (0.98%)**	277 (1.12%)	1,084 (1.57%)	1,383 (1.44%)

p (małe vs. średnie vs. duże) * < 0,005; ** <0,00001

Z powodu zawieszenia lub zakończenia. Tabela 5 przedstawia liczbę i wskaźnik protokołów poddanych audytowi, które zostały zawieszone lub rozwiązane z ważnych przyczyn w okresie od 1 czerwca 2010 r. do 31 maja 2011 r. Obiekty z małymi programami badawczymi wydają się mieć wyższy odsetek zawieszeń lub zakończeń protokołów przyczynowo-skutkowych (3,17%) niż te ze średnimi (0,97%) lub dużymi (1,38%) programami badawczymi ($p < 0,05$). Nie było jednak istotnej różnicy w stawkach zawieszeń protokołów z powodu obaw związanych z ochroną osób lub z obawami związanymi z badaczami wśród placówek prowadzących małe, średnie i duże programy badawcze.

Tabela 4. Zatwierdzenie protokołu Rady ds. Przeglądu Instytucjonalnego (IRB) i Komitetu Badań i Rozwoju (R&DC)

Zatwierdzenie protokołu IRB i R&DC	Mały program	Program średni	Duży program	Ogółem
Całkowita liczba skontrolowanych protokołów badań na ludziach	189	1,337	2,032	3,558
• Przeprowadzono i zakończono bez zatwierdzenia przez IRB.	0 (0.00%)	0 (0.00%)	2 (0.10%)	2 (0.06%)
• Przeprowadzono i zakończono bez zatwierdzenia R&DC.	0 (0.00%)	1 (0.07%)	4 (0.20%)	5 (0.14%)
• Zainicjowany przed zatwierdzeniem przez IRB.	0 (0.00%)	0 (0.00%)	2 (0.10%)	2 (0.06%)
• Zainicjowany przed zatwierdzeniem przez R&DC.	0 (0.00%)	1 (0.07%)	7 (0.34%)	8 (0.22%)

Tabela 5. Zawieszenie lub wypowiedzenie protokołów z przyczyn losowych

Za przyczynę Zawieszenie lub wypowiedzenie protokołów	Mały program	Program średni	Duży program	Ogółem
Całkowita liczba skontrolowanych protokołów badań na ludziach	189	1,337	2,032	3,558
Protokoły zawieszone/wygaśnięte	6 (3.17%)*	13 (0.97%)	28 (1.38%)	47 (1.32%)
• Ze względu na troskę o ludzi.	2 (1.06)	5 (0.37%)	9 (0.44%)	16 (0.45%)
• W związku z obawami dotyczącymi pracowników dochodzeniowych	4 (2.12%)	8 (0.60%)	19 (0.94%)	31 (0.87%)

*Wartość P (małe vs. średnie vs. duże): < 0,05

Lokalne SAE. Tabela 6 przedstawia liczbę skontrolowanych protokołów i liczbę lokalnych SAE określonych przez IRB jako poważne, nieoczekiwane i związane lub prawdopodobnie związane z badaniami lub takie, które doprowadziły do hospitalizacji lub śmierci w ośrodkach o małych, średnich i dużych programach badawczych. Nie było istotnej różnicy pomiędzy tymi trzema grupami.

Lapse in Continuing Reviews. Przepisy federalne i polityka VA wymagają, aby organy IRB prowadziły ciągły przegląd badań nad ludźmi w odstępach czasu odpowiednich do stopnia ryzyka, ale nie rzadziej niż raz w roku. W tabeli 7 przedstawiono liczbę i odsetek przypadków usterek w dalszych przeglądach IRB oraz liczbę i odsetek protokołów z dalszą działalnością badawczą w okresie usterek. Obiekty z dużymi programami badawczymi (8,59%) wykazywały wyższy wskaźnik wypadnięć w wymaganych przeglądach IRB niż obiekty z małymi (3,18%) i średnimi (5,52%) programami badawczymi ($p < 0{,}005$). Spośród tych trzech grup, nie było istotnej różnicy w szybkości protokołów z kontynuacją działań badawczych w czasie wypadów.

Tabela 6. Poważne lokalne zdarzenia niepożądane (SAE)

Lokalne SAE	Mały program	Program średni	Duży program	Ogółem
Całkowita liczba skontrolowanych protokołów badań na ludziach	189	1,337	2,032	3,558
Lokalne działania agrośrodowiskowe uznane za poważne, nieprzewidziane i związane z badaniami naukowymi	3	12	28	43
• Wynikiem tego jest hospitalizacja.	1	1	10	10
• Wywołało to śmierć.	0	0	0	0

Tabela 7. Opóźnienie w przeglądach ciągłych lub rocznych

Lapse in Continuing or Annual Reviews (Opóźnienie w przeglądach ciągłych lub rocznych)	Mały program	Program średni	Duży program	Ogółem
Łączna liczba protokołów badań na ludziach, które wymagają ciągłych przeglądów.	157	1,178	1,607	2,942
• Utrata ważności w ramach ciągłego przeglądu IRB.	5 (3.18%)*	65 (5.52%)	138 (8.59%)	208 (7.07%)
• Kontynuacja działalności badawczej w okresie przejściowym	0 (0.00%)	5 (0.42%)	1 (0.06%)	6 (0.20%)

*Wartość P (małe vs. średnie vs. duże): * = 0.001

Przegląd historii przypadków uczestników. Tabela 8 podsumowuje wyniki audytów historii spraw uczestników. Ogółem dokonano przeglądu 1 705 historii przypadków z 189 skontrolowanych protokołów w obiektach z małymi programami badawczymi. Porównywalne liczby dla obiektów o średnich i dużych programach badawczych wynosiły odpowiednio 9 958 (z 1 337 protokołów) i 11 994 (z 2 032 protokołów). Placówki ze średnimi programami badawczymi (0,26%) miały więcej historii przypadków bez dokumentacji, że zgodę uzyskano przed rozpoczęciem procedur badawczych niż placówki z małymi (0,00%) i dużymi (0,11%) programami badawczymi ($p < 0,005$). Obiekty z małymi programami badawczymi miały wyższy wskaźnik historii przypadków bez dokumentacji, że kryteria włączenia (1,29%) lub wykluczenia (1,35%) zostały spełnione niż obiekty ze średnimi (odpowiednio 0,75% i 0,65%) i dużymi (odpowiednio 1,08% i 0,66%) programami badawczymi ($p < 0,05$).

Personel badawczy Zakres praktyki. Polityka VA wymaga, aby cały personel badawczy posiadał zatwierdzony zakres praktyki badawczej lub oświadczenie funkcjonalne określające obowiązki, do których dana osoba ma kwalifikacje i które może wykonywać w środowisku badawczym. W obiektach z małymi programami badawczymi skontrolowano akta 550 członków personelu badawczego; w obiektach z średnimi programami badawczymi skontrolowano 4 691 akt personelu badawczego; a w obiektach z dużymi programami badawczymi skontrolowano 7 087 rekordów (tabela 9). Obiekty z dużymi programami badawczymi (2,93%) charakteryzowały się wyższym odsetkiem personelu badawczego bez zatwierdzonych zakresów praktyk niż obiekty z małymi (2,73%) i średnimi (1,53%) programami badawczymi. Jednak wśród placówek z małymi, średnimi i dużymi programami badawczymi nie było istotnej różnicy w odsetku personelu badawczego, który zatwierdził zakres praktyk, ale działał poza zatwierdzonym zakresem.

Wymagania dotyczące szkolenia personelu badawczego. Polityka VA wymaga, aby cały personel badawczy uczestniczący w badaniach na ludziach ukończył wstępne i coroczne szkolenie w zakresie zasad etycznych i przyjętych dobrych praktyk klinicznych. W tabeli 10 przedstawiono wyniki szkoleń personelu badawczego. Obiekty z dużymi programami badawczymi (4,73%) charakteryzowały się wyższym odsetkiem personelu badawczego, który nie utrzymywał obecnych potrzeb szkoleniowych niż obiekty z małymi (2,18%) i średnimi (2,03%) programami badawczymi ($p < 0,00001$). Obiekty ze średnimi programami badawczymi (0,96%) charakteryzowały się wyższym odsetkiem personelu badawczego bez wymaganych szkoleń wstępnych niż obiekty z małymi (0,18%) lub dużymi (0,65%) programami badawczymi ($p < 0,05$). Placówki z dużymi programami badawczymi (4,08%) wykazywały wyższy odsetek personelu badawczego, który wypadł z programów kształcenia ustawicznego niż małe (2,00%) i średnie (1,07%) programy badawcze ($p < 0,00001$).

Tabela 8. Przegląd historii spraw będących przedmiotem sporu

Przegląd historii spraw będących przedmiotem sporu	Mały program	Program średni	Duży program	Ogółem
Łączna liczba skontrolowanych protokołów	189	1,337	2,032	3,558
Łączna liczba przeanalizowanych historii spraw	1,705	9,958	11,994	23,657
• Brak dokumentacji potwierdzającej uzyskanie świadomej zgody przed rozpoczęciem procedur badawczych.	0 (0.00%)*	26 (0.26%)	13 (0.11%)	39 (0.16%)
• Brak dokumentacji potwierdzającej spełnienie kryteriów włączenia.	22 (1.29%)**	75 (0.75%)	129 (1.08%)	226 (0.96%)
• Brak dokumentacji potwierdzającej spełnienie kryteriów wykluczenia.	23 (1.35%)*	65 (0.65%)	79 (0.66%)	167 (0.71%)

Wartości P (małe vs. średnie vs. duże) * < 0,005; ** <0,05

Tabela 9. Zakres praktyki personelu naukowo-badawczego

Przegląd personelu naukowo-badawczego: Zakres praktyki	Mały program	Program średni	Duży program	Ogółem
Całkowita liczba zapisów dotyczących personelu badawczego w skontrolowanych protokołach dotyczących ludzi	550	4,691	7,087	12,328
• Bez zakresu praktyki (SPO)	15 (2.73%)*	72 (1.53%)	207 (2.92%)	294 (2.38%)
• Praca poza SOP	0 (0.00%)	3 (0.06%)	6 (0.08%)	9 (0.07%)

*wartość p (małe vs. średnie vs. duże) < 0,0001

Tabela 10. Szkolenie personelu naukowo-badawczego

Przegląd personelu naukowo-badawczego: Dokumentacja szkoleniowa	Mały program	Program średni	Duży program	Ogółem
Łączna liczba personelu badawczego w skontrolowanych protokołach dotyczących ludzi	550	4,691	7,087	12,328
• Wymagane szkolenie nie jest aktualne.	12 (2.18%)*	95 (2.03%)	335 (4.73%)	442 (3.59%)
• Bez szkolenia wstępnego	1 (0.18%)**	45 (0.96%)	46 (0.65%)	92 (0.75%)
• Lapse w szkoleniu ustawicznym	11 (2.00%)*	50 (1.07%)	289 (4.08%)	350 (2.84%)

wartości *p (małe i średnie i duże): * < 0.00001; ** < 0.05

Dyskusja

Jednym z głównych celów gromadzenia danych dotyczących wskaźników jakości jest poprawa jakości. Dostarczanie obiektów z własnymi danymi oraz ze średnimi krajowymi może pomóc w identyfikacji słabych punktów programu i podejmowaniu decyzji zarządczych dotyczących tego, gdzie usprawnienia są najbardziej potrzebne. Od czasu, gdy w 2009 r. agencja VA rozpoczęła gromadzenie danych dotyczących wskaźników jakości HRPP, niektóre zakłady wykorzystały już te informacje do wdrożenia środków mających na celu poprawę swoich HRPP. Istotne będzie dalsze monitorowanie tych danych w celu sprawdzenia, czy w nadchodzących latach nastąpiła poprawa.

Dane wskaźnika jakości pozwalają nam również odpowiedzieć na szereg ważnych pytań systemowych. Na przykład, pojawiły się obawy, czy właściwe jest, aby ośrodki VA wykorzystywały IRB stowarzyszonych uniwersytetów jako swoje rekordowe IRB, ponieważ VA nakłada dodatkowe wymagania poza tymi, które są zawarte w federalnych przepisach regulujących badania na ludziach. [16] Czy placówki korzystające z powiązanych IRB zachowują się inaczej niż placówki korzystające z własnych IRB VA? Podobnie, istnieją obawy, że obiekty z małymi programami badawczymi mogą nie mieć wystarczających zasobów, aby wesprzeć energiczny program ochrony zasobów ludzkich. Czy ośrodki z małymi programami badawczymi działają inaczej niż ośrodki z dużymi i średnimi programami badawczymi? W poprzednim badaniu porównaliśmy dane wskaźnika jakości HRPP pomiędzy obiektami korzystającymi z własnych IRB VA a obiektami korzystającymi z IRB stowarzyszonych uczelni. [17] Zauważyliśmy, że z 25 wskaźników efektywności 13 nie wykazało istotnych statystycznie różnic, a 12 osiągnęło statystycznie istotne różnice.

Spośród 12 o statystycznie istotnych różnicach, zakłady korzystające z własnych IRB VA wypadły lepiej na 4 z tych wskaźników, natomiast zakłady korzystające z powiązanych IRB wypadły lepiej na 8. Jednak bezwzględna różnica była niewielka (0,2 - 2,7%) we wszystkich przypadkach, co sugeruje, że nie miały one znaczenia praktycznego. Stwierdziliśmy, że akceptowalne jest, aby placówki wykorzystywały własne IRB VA lub powiązane z nimi uniwersyteckie IRB jako swoje rekordowe IRB.

Celem obecnego badania było porównanie danych wskaźnika jakości HRPP dla obiektów z małymi (< 50 aktywnych protokołów badań ludzkich), średnimi (50-200) i dużymi (> 200) programami badawczymi. Podczas gdy ta kategoryzacja wielkości HRPP była arbitralna, obiekty wykorzystujące stowarzyszone uniwersyteckie IRB jako swoje rekordowe IRB były równomiernie rozłożone pomiędzy trzy grupy: 12 dla małych, 11 dla średnich i 13 dla dużych programów badawczych.

Przeanalizowaliśmy łącznie 23 wskaźniki wydajności (tabele 3-10). Wielkość programów badawczych nie wykazała statystycznie istotnego wpływu na 11 wskaźników, natomiast w 12 z tych 23 wskaźników efektywności występowały istotne różnice. Spośród 12 wskaźników z istotnymi efektami wielkości programu badawczego, zaobserwowaliśmy, co następuje:

- Placówki z małymi programami badawczymi uzyskały najlepsze wyniki w zakresie pięciu wskaźników: nieprawidłowych dokumentów zgody, brakujących autoryzacji HIPAA, wygasłych ciągłych przeglądów IRB, braku dokumentacji, na którą zgodę uzyskano przed rozpoczęciem procedur badawczych, oraz personelu badawczego bez wstępnego szkolenia. Najgorzej wypadły jednak również małe ośrodki badawcze w zakresie czterech wskaźników: dokumenty zgody niepodpisane i opatrzone datą przez podmioty, liczba protokołów zawieszonych lub zakończonych, brak dokumentacji dotyczącej kryteriów włączenia oraz brak dokumentacji dotyczącej kryteriów wyłączenia.

- Placówki ze średnimi programami badawczymi spisały się najlepiej na siedmiu wskaźnikach: dokumenty zgody nie podpisane i opatrzone datą przez podmioty, liczba protokołów zawieszonych lub zakończonych, brak dokumentacji spełnienia kryteriów włączenia, brak dokumentacji spełnienia kryteriów wykluczenia, personel badawczy bez zakresu praktyki, personel badawczy wymagał nieaktualnego szkolenia, a personel badawczy wygasł w szkoleniu ustawicznym. Najgorzej wypadły jednak również średniej wielkości ośrodki badawcze na dwóch wskaźnikach - brak dokumentacji, że zgodę uzyskano przed rozpoczęciem procedur badawczych i personelu badawczego bez ukończenia szkolenia wstępnego.

- Placówki z dużymi programami badawczymi nie zrobiły najlepiej na żadnym, a najgorzej na sześciu metrykach: niewłaściwie wykorzystane dokumenty zgody, brakujące zezwolenia HIPAA, wypadki w przeglądzie ciągłym IRB, personel badawczy bez zakresu praktyki, nieaktualne wymagane szkolenia personelu badawczego, a personel badawczy nie kontynuował szkolenia.

W oparciu o powyższe obserwacje wydaje się, że obiekty z dużymi programami badawczymi nie funkcjonowały tak dobrze jak obiekty z małymi i średnimi programami badawczymi w wielu wskaźnikach efektywności. Dokładne przyczyny tych wyników nie są jasne; mogą one być związane z wielkością i złożonością programów badawczych oraz dostępnymi zasobami do zarządzania tymi programami badawczymi. Uważamy jednak, że zidentyfikowaliśmy obszary, w których można poprawić jakość tych obiektów.

Yen Nguyen, PharmD, jest zastępcą dyrektora stowarzyszonego ds. zgodności z przepisami dotyczącymi badań naukowych, Office of Research Oversight, Department of Veterans Affairs, Washington, DC; **dr Robert Brooks,** jest dyrektorem stowarzyszonym Research Compliance Education Program, Office of Research Oversight, Department of Veterans Affairs, Washington, DC; **Min-Fu Tsan, MD, PhD,** jest zastępcą dyrektora naczelnego, Office of Research Oversight, Department of Veterans Affairs, Washington, DC.

Zrzeczenie

Poglądy przedstawione w niniejszym raporcie są poglądami autorów i niekoniecznie reprezentują poglądy Departamentu Spraw Weteranów.

Potwierdzenie

Autorzy pragną podziękować J. Thomasowi Puglisi, doktorowi, dyrektorowi naczelnemu Office of Research Oversight, za wsparcie tego projektu oraz wszystkim urzędnikom ds. zgodności badań VA za ich wkład w przeprowadzanie audytów i gromadzenie danych przedstawionych w niniejszym raporcie.

Odniesienia

1. Tsan MF, Smith K, Gao B. Ocena jakości programów ochrony badań człowieka: Doświadczenie w Departamencie Spraw Weteranów. *IRB: Etyka i badania nad ludźmi* 2010;32(4):16-19.
2. Tsan MF, Nguyen Y, Brooks R. Ocena jakości programów ochrony badań nad ludźmi VA. *IRB: Ethics & Human Research 2013*;35(1):10-14.
3. Tsan M-F, Nguyen Y, Brook R. Ocena jakości programów ochrony badań nad ludźmi VA: VA vs. stowarzyszona instytucjonalna rada rewizyjna uniwersytetu. *Journal of Empirical Research on Human Research Ethics*;2013;8:153-160.
4. Departament Zdrowia i Usług Społecznych USA. Federalna polityka ochrony podmiotów Hu- man. 45 CFR 46.
5. Komitet Badań i Rozwoju. Podręcznik VHA 1200.01, Departament Spraw Weteranów. 16 czerwca 2009 r., http://www.va.gov/ vhapublications/; Requirements for the protection of human subjects in research. Podręcznik VHA 1200.05, Departament Spraw Weteranów. 15 października 2010 r., http://www.va.gov/vhapublications/.
6. Zob. 5.
7. Wymogi dotyczące sprawozdawczości w zakresie zgodności badań. Podręcznik VHA 1058.01, Departament Spraw Weteranów. 21 maja 2010 r., http://www.

va.gov/vhapublications/.

8. Research Compliance Officer Audit Tools, Office of Research Oversight, Department of Veterans Affairs, http://www. va. gov/ORO/Research_Compliance_Education.asp.

9. Tsan MF, Puglisi JT. Działania związane z opieką zdrowotną, które mogą stanowić działalność badawczą - perspektywa Departamentu Spraw Weteranów. *IRB: Ethics & Human Research 2014*;36(1):9-11.

10. Matthews DE, Farewell VT. Przybliżone testy istotności dla tabel awaryjnych. W środku: *Używanie i rozumienie statystyk medycznych*. Druga edycja. Karger: Bazylea, Szwajcaria. 1988, str. 39-57.

11. Zob. sędziego. 5.

12. Zob. sędziego. 5.

13. Zob. sędziego. 4 i 5.

14. Zob. sędziego. 5.

15. Zob. sędziego. 5.

16. Zob. sędziego. 5 i 7.

17. Zob. sędziego. 3.

Rozdział szósty

Wykorzystanie wskaźników jakości do oceny i doskonalenia programów ochrony badań człowieka w VA.[5]

poprzez

Min-Fu Tsan, MD, PhD; Yen Nguyen, PharmD; i Robert Brooks, MD, PhD

Analiza wykazuje znaczną poprawę w zakresie programów ochrony badań naukowych w VA, choć konieczne są większe wysiłki na rzecz poprawy procedur i praktyk instytucjonalnej rady ds. przeglądu.

Ochrona osób biorących udział w badaniach ma kluczowe znaczenie w dobie szybkiego postępu medycznego i rosnącego nacisku na przełożenie odkryć z badań podstawowych na praktyki kliniczne. Federalna polityka ochrony podmiotów ludzkich, znana również jako wspólna reguła, została ustanowiona w oparciu o zawarte w sprawozdaniu Belmonta zasady etyczne dotyczące poszanowania osób, dobroczynności i sprawiedliwości. [1,2] Zgodnie ze wspólnym przepisem, instytucjonalne rady ds. przeglądów (IRB) są odpowiedzialne za przegląd i zatwierdzanie protokołów z badań naukowych z udziałem ludzi oraz zapewnienie nadzoru w celu zapewnienia ochrony

[5] Tsan MF, Nguyen Y, Brooks R. Wykorzystanie wskaźników jakości do oceny i poprawy programów ochrony badań nad ludźmi w VA. Federal Practitioner 31-36, maj 2015. Prawa autorskie ©2015 Frontline Medical Communication Inc. Przedrukowany za zgodą Frontline Medical Communication Inc. i współautorów.

przedmiotów badań naukowych z udziałem ludzi. [1]

Oprócz IRB, badacze, instytucje, wolontariusze naukowi, sponsorzy badań oraz rząd federalny dzielą się obowiązkami w zakresie ochrony przedmiotów badań. [3] Instytucje prowadzące badania na ludziach stworzyły w ten sposób ramy operacyjne, zwane programami ochrony badań człowieka (HRPP), w celu zapewnienia praw i dobrobytu uczestników badań oraz spełnienia wymogów etycznych i regulacyjnych. [3,4]

Pod koniec lat 90-tych i na początku XXI wieku, wiele dużych instytucji akademickich wspieranych federalnie programów badawczych zostało zawieszonych z powodu uporczywego nieprzestrzegania przepisów federalnych, w tym niektórych kwestii, które doprowadziły do śmierci zdrowych ochotników. [5,6] W odpowiedzi na zwiększoną kontrolę publiczną nad badaniami klinicznymi podjęto znaczne wysiłki na rzecz poprawy ochrony uczestników badań. [5,7-9] Wysiłki te obejmowały: silniejszy nadzór federalny nad badaniami, dobrowolną akredytację instytucjonalnych HRPP, większe wsparcie instytucjonalne dla HRPP, lepsze szkolenia dla śledczych i członków IRB, lepsze monitorowanie i zgłaszanie zdarzeń niepożądanych oraz większe zaangażowanie uczestników badań i społeczeństwa. [9]

Pomimo znacznych inwestycji na rzecz poprawy ochrony uczestników badań naukowych, istnieją niewielkie dane wskazujące, że dzięki tym wysiłkom badania naukowe na ludziach są bezpieczniejsze niż wcześniej. Chociaż nie można bezpośrednio zmierzyć ochrony przedmiotu badań, możliwa jest ocena jakości programów ochrony zasobów ludzkich (HRPP). Oczekuje się, że wysokiej jakości programy kadrowo-płacowe minimalizują ryzyko dla uczestników badań w możliwym zakresie, przy jednoczesnym zachowaniu integralności badań. [10]

System opieki zdrowotnej VA jest największym zintegrowanym systemem opieki zdrowotnej w kraju. Obecnie istnieje 107 obiektów VA prowadzących badania na ludziach. Oprócz przepisów federalnych regulujących badania na ludziach, naukowcy VA muszą również spełniać wymogi ustanowione przez VA. Na przykład w VA IRB jest podkomitetem Komitetu Badań i Rozwoju (R&DC). Badania z udziałem ludzi nie mogą zostać rozpoczęte przed zatwierdzeniem zarówno przez IRB, jak i R&DC. [4,11] Wszyscy badacze VA muszą posiadać zatwierdzone zakresy badań i szkoleń w zakresie zasad etycznych i aktualnych dobrych praktyk klinicznych. 4

Ostatnio VA Office of Research Oversight (VAORO) opracowało zestaw wskaźników do oceny jakości VA HRPP. [10] Od 2010 r. VAORO gromadzi dane dotyczące wskaźników jakości (QI) ze wszystkich ośrodków badawczych VA w celu poprawy jakości. [12-14] W niniejszym opracowaniu VAORO przeanalizowało te dane w celu oceny zmian w danych VA HRPP QI w latach 2010-2012 i zidentyfikowania obszarów wymagających poprawy.

METODY

W ramach programu zapewnienia jakości VA HRPP, każdy ośrodek badawczy VA był zobowiązany do przeprowadzania corocznych audytów wszystkich dokumentów świadomej zgody (ICD) oraz audytów regulacyjnych wszystkich protokołów badań człowieka raz na trzy lata przez wykwalifikowanych urzędników ds. zgodności badań (RCO). [15] audytów regulacyjnych w ramach protokołu ograniczono do trzyletniego spojrzenia wstecz na protokoły. Opracowano narzędzia na potrzeby corocznych audytów regulacyjnych ICD i przeprowadzanych co trzy lata zgodnie z protokołem (dostępne pod adresem http://www.va.gov/ORO/Research _Compliance_Education.asp). - Następnie przeszkolono przedsiębiorstwa świadczące usługi w zakresie operacji związanych z infrastrukturą w celu wykorzystania tych narzędzi do przeprowadzania audytów.

Gromadzenie danych

Dane zbierane były corocznie od wszystkich 107 ośrodków badawczych VA. Zebrane informacje obejmowały zgodność z wymogami autoryzacji zawartymi w ustawie o przenośności i odpowiedzialności w ubezpieczeniach zdrowotnych i ubezpieczeniach zdrowotnych, zgodność z wymogami dotyczącymi wstępnego zatwierdzenia protokołów badań naukowych z udziałem ludzi, zgodność z wybranymi wymogami dotyczącymi świadomej zgody, zawieszenie lub wypowiedzenie protokołów badań naukowych z udziałem ludzi, poważne aE związane z badaniami naukowymi, zgodność z wymogami ciągłego przeglądu, wpisywanie uczestników zgodnie z kryteriami włączenia i wyłączenia, zakresy praktyki personelu badawczego, szkolenie w zakresie ochrony badań naukowych z udziałem ludzi, badania międzynarodowe oraz badania dotyczące przedmiotów szczególnie narażonych. Nie zebrano żadnych danych osobowych, które można by było zidentyfikować indywidualnie. Ponieważ był to projekt zapewnienia jakości VA i nie zebrano żadnych indywidualnie identyfikowalnych informacji, nie była wymagana kontrola IRB i zatwierdzenie projektu. [16]

Wszystkie zebrane dane zostały wprowadzone do bazy danych do analizy. W razie potrzeby skontaktowano się z obiektami w celu zweryfikowania dokładności i jednolitości zgłaszanych danych.

Analiza danych

Do określenia trendu zmian w latach 2010-2012 wykorzystano test chi-square [Mantela-Haenszela17]. Dla tych QI ze statystycznie istotnymi zmianami, VAORO obliczyło zmiany procentowe i rzeczywiste liczby, tj. rzeczywistą liczbę ICDs, protokołów badań ludzkich, historii przypadków lub personelu badawczego, na które zmiany te miały wpływ. [18]

WYNIKI

Dane HRPP QI były zbierane od 2010 do 2012 r. ze wszystkich 107 ośrodków badawczych VA (tabela 1). W sumie było 25 QI; 18 miało wszystkie dostępne dane z 3 lat, a 7 brakowało danych z 2010 r. Do celów tej analizy włączono tylko te 18 danych dotyczących QI, które były dostępne we wszystkich trzech latach. Zebrane w 2010 r. dane dotyczące QI związane z zawieszeniem lub wypowiedzeniem protokołów z przyczyn losowych oraz zakresów działalności personelu badawczego i wymogów szkoleniowych pochodziły ze wszystkich skontrolowanych protokołów badań dotyczących ludzi, zwierząt i bezpieczeństwa, a nie tylko skontrolowanych protokołów badań dotyczących ludzi. Dane te zostały jednak uwzględnione do celów porównawczych.

Tabela 1. VA Wskaźnik jakości programu ochrony badań nad ludźmi Dane dotyczące jakości programu ochrony badań nad ludźmi

	2010, n (%)	2011, n (%)	2012, n (%)	Wartość *P*
ICD i zezwolenia HIPAAA				
Całkowita liczba skontrolowanych	14,944	15,978	16,546	
protokołów Liczba protokołów z	3,563 (23.8)	3,813 (23.9)	3,859 (23.2)	
ICD	89,216	100,832	99,013	
Całkowita liczba	2,143 (2.4)	1,478 (1.5)	1,806 (1.8)	.0000
skontrolowanych ICD	197 (0.2)	284 (0.3)	201 (0.2)[b]	.7329
Nieprawidłowo		95,916	96,290	
zastosowanych ICD		1,383 (1.4)	827 (0.9)	
ICD, które nie zostały podpisane i/lub				
opatrzone datą przez uczestników Łączna				
liczba wymaganych zezwoleń HIPAAA				
Liczba nieotrzymanych zezwoleń HIPAAA				
Zatwierdzenie protokołu przez IRB oraz R&DC				
Całkowita liczba skontrolowanych protokołów	2,102	3,558	4,249	
badań na ludziach Przeprowadzone i	1 (0.1)	2 (0.1)	1 (0.1)	.5450
wypełnione bez zatwierdzenia przez IRB	3 (0.1)	5 (0.1)	9 (0.2)	.4437
Przeprowadzone i wypełnione bez zatwierdzenia	2 (0.1)	2 (0.1)	4 (0.1)	.8561
przez R&DC Zainicjowane przed zatwierdzeniem	9 (0.4)	8 (0.2)	16 (0.4)	.9186
przez IRB				
Zainicjowany przed				
zatwierdzeniem przez R&DC.				
Zawieszenie lub wypowiedzenie protokołów z przyczyn losowych				
Całkowita liczba skontrolowanych protokołów badań na ludziach	2,978c	3,558	4,249	
Liczba protokołów zawieszonych lub zakończonych z	83 (2.8)[c]	47 (1.3)	63 (1.5)	.0002
powodu przyczyny Z powodu obaw związanych z	25 (0.8)[c]	16 (0.5)	31 (0.7)	.7943
czynnikiem ludzkim	40 (1.3)[c]	31 (0.9)	32 (0.8)	.0158
W związku z obawami dotyczącymi pracowników dochodzeniowych				
Lokalne poważne, niepożądane zdarzenia o zasięgu lokalnym				
Całkowita liczba skontrolowanych protokołów badań na ludziach	2,102	3,558	4,249	
Lokalne zdarzenia niepożądane, co do których stwierdzono, że są	25	43	17	
poważne, nieprzewidziane i związane lub prawdopodobnie związane z	11	10	5	
badaniami naukowymi	0	0	0	
Rezultat w szpitalu				
Rezultat w szpitalu				
Rezultat w postaci śmierci				

Tabela 1 kontynuowana na następnej stronie

Tabela 1. (kontynuacja)

	2010, n (%)	2011, n (%)	2012, n (%)	Wartość P
Opóźnienie w dalszych przeglądach protokołu.				
Całkowita liczba protokołów dotyczących ludzi wymagających ciągłych przeglądów Wygasła w IRB ciągłych przeglądów. Kontynuacja działalności badawczej w okresie przejściowym	1,606 97 (6) 2 (0.1)	2,942 208 (7.1) 6 (0.2)	3,411 209 (6.1) 4 (0.1)	 .7324 .7175
Przegląd historii spraw będących przedmiotem sporu				
Łączna liczba przeanalizowanych historii spraw Świadoma zgoda nie uzyskana przed rozpoczęciem badania Brak dokumentacji potwierdzającej spełnienie kryteriów włączenia. Brak dokumentacji potwierdzającej spełnienie kryteriów wykluczenia	11,387 249 (2.2) — —	23,657 39 (0.2) 226 (1) 167 (0.7)	26,291 91 (0.4) 657 (2.5) 189 (0.7)	 .0000
Zakres obowiązków personelu naukowo-badawczego w zakresie praktyki i wymagań szkoleniowych				
Całkowita liczba personelu badawczego w skontrolowanych protokołach badań na ludziach Bez zakresu badań naukowych i praktyki Praca poza zakresem badań naukowych w praktyce Wymagane szkolenie, które nie jest obecnie wymagane. Bez szkolenia wstępnego Lapse w szkoleniu ustawicznym	6,7874c 519 (7.7)[c] 10 (0.2)[c] 398 (5.9)[c] 103 (1.5)[c] 303 (4.4)[c]	12,328 294 (2.4) 9 (0.1) 442 (3.6) 92 (0.8) 350 (2.8)	16,598 92 (0.6) 7 (0.1) 393 (2.4) 73 (0.4) 320 (1.9)	 .0000 .0120 .0000 .0000 .0000
Protokoły wymagające zatwierdzenia przez CRADO				
Łączna liczba skontrolowanych protokołów badań na ludziach Liczba międzynarodowych protokołów badawczych Bez zatwierdzenia CRADO Liczba protokołów z udziałem dzieci bez zatwierdzenia przez CRADO Liczba protokołów z udziałem więźniów Bez zatwierdzenia przez CRADO	2,102 4 2 (50) — — — —	3,558 2 2 (0) 5 3 (60) 0 0	4,249 8 2 (25) 14 3 (21) 1 1 (100)	

Skróty: CRADO, dyrektor ds. badań i rozwoju; HIPAA, Health Insurance Portability and Accountability Act; ICDs, dokumenty świadomej zgody; IRB, instytucjonalna rada ds. przeglądu; R&DC, komitet ds. badań i rozwoju.

aCalculated using Mantel-Haenszel chi-square test for trend.

bNumber oznacza, że ICD nie są podpisane przez uczestników.

Numery pochodzące ze wszystkich skontrolowanych protokołów dotyczących ludzi, zwierząt i bezpieczeństwa.

z danymi z 2011 i 2012 r., ponieważ skontrolowane protokoły z badań innych niż badania na ludziach stanowiły < 30% całości. W oparciu o rutynowe przeglądy rutynowe VAORO na miejscu, programów opieki nad zwierzętami i ich wykorzystania, jak również programów bezpieczeństwa i ochrony, autorzy uważają, że wskaźniki QI w tych nieludzkich protokołach badawczych były podobne do tych w protokołach badań człowieka.

Z łącznej liczby 18 instytucji zapewniających jakość życia z wszystkimi danymi z 3 lat dostępnymi do analizy, 9 instytucji zapewniających jakość życia nie wykazało żadnych istotnych statystycznie zmian; natomiast 9 instytucji zapewniających jakość życia wykazało istotne statystycznie zmiany w okresie od 2010 do 2012 roku (tabela 1). Te 9 QI były: (1) niewłaściwie stosowane ICD; (2) liczba protokołów zawieszonych lub zakończonych z przyczyn; (3) protokoły zawieszone lub zakończone z powodu obaw prowadzącego badanie; (4) świadoma zgoda nie uzyskana przed rozpoczęciem badania; (5) personel badawczy nieposiadający zakresu działalności badawczej; (6) personel badawczy pracujący poza zakresem działalności; (7) wymagane szkolenie nieaktualne dla personelu badawczego; (8) personel badawczy pracujący bez wstępnego szkolenia; oraz (9) personel badawczy, który nie ukończył ustawicznego szkolenia.

Tabela 2 przedstawia zmiany procentowe i rzeczywiste liczby, na które wpływ miały zmiany w 9 QI, które wykazały statystycznie istotne zmiany. Zmiany procentowe opisują skalę zmian, a liczby, na które miały one wpływ, dostarczają informacji na temat faktycznej liczby zdarzeń (tj. ICD, protokołów z badań na ludziach, historii przypadków lub personelu badawczego), na które wpływ miały te zmiany w 2012 r., jeżeli wskaźniki QI

Tabela 2. Zmiany w danych wskaźnika jakości

Wskaźnik jakości	2010, n (%)	2011, n (%)	2012, n (%)	Zmiana (%), lat 2010-2012a.	Nie. Dotyczy 2012b
Całkowita liczba skontrolowanych ICD Nieprawidłowo zastosowanych ICD	89,216 2,143 (2.4)	100,832 1,478 (1.5)	99,013 1,806 (1.8)	-25	570
Całkowita liczba skontrolowanych protokołów dotyczących badań na ludziach Protokoły zawieszone lub wypowiedziane ze względu na przyczynę Protokoły zawieszone lub wypowiedziane ze względu na obawy związane z działalnością dochodzeniową	2,978c 83 (2.79) 40 (1.34)	3,558 47 (1.32) 31 (0.87)	4,249 63 (1.48) 32 (0.75)	-47 -44	55 25
Całkowita liczba przeanalizowanych wywiadów przypadków Świadoma zgoda nie uzyskana przed badaniem	11,387 249 (2.19)	23,657 39 (0.16)	26,291 91 (0.35)	-84	484
Łączna liczba skontrolowanego personelu badawczego Personel bez zakresu działalności badawczej Praca poza zakresem działalności badawczej Personel potrzebował szkolenia, które nie miało miejsca w danym momencie Personel bez szkolenia wstępnego Personel nie ukończył szkolenia ustawicznego.	6,787c 519c (7.65) 10c (0.15) 398c (5.86) 103c (1.52) 303c (4.46)	12,328 294 (2.38) 9 (0.07) 442 (3.59) 92 (0.75) 350 (2.84)	16,598 92 (0.55) 7 (0.04) 393 (2.37) 73 (0.44) 320 (1.93)	 -92 -73 -60 -71 -57	 1,177 18 579 179 420

Skrót: ICD, dokumenty świadomej zgody.

Zmiana procentowa = [różnica w wskaźnikach jakości w latach 2010-2012 ÷ wskaźnik QI w 2010 r.] x 100.

bNumbers of ICDs, human research protocols, case historyies, or research personnel impacted = różnica między liczbami oczekiwanymi w 2012 r. w oparciu o wskaźniki jakości z 2010 r. a rzeczywistymi liczbami zaobserwowanymi w 2012 r.

Numery pochodzące ze wszystkich skontrolowanych protokołów dotyczących ludzi, zwierząt i bezpieczeństwa.

pozostały takie same jak w 2010 roku.

Wszystkie 9 IQ z istotnymi statystycznie zmianami wykazało poprawę, od 25% poprawy w nieprawidłowo zastosowanym ICD do 92% poprawy w personelu badawczego bez zakresu praktyki (tabela 2). Rzeczywiste liczby, na które wpływ miał wpływ (tj. różnica między liczbami oczekiwanymi w 2012 r. w oparciu o wskaźniki QI z 2010 r. a rzeczywistymi liczbami zaobserwowanymi w 2012 r.) wahała się od 55 protokołów zawieszonych lub zakończonych z przyczyn do 1 177 zakresów badawczych.

Spośród 9 instytucji zapewniających jakość życia bez statystycznie istotnych zmian, wszystkie z wyjątkiem 2 instytucji miały wskaźniki QI na poziomie < 1% w 2010 r., co sugeruje, że te wskaźniki QI były już tak niskie, że dalsza poprawa była trudna do osiągnięcia. Dwa wyjątki polegały na wygaśnięciu w IRB ciągłych przeglądów i międzynarodowych badań naukowych prowadzonych bez zgody - dyrektora ds. badań i rozwoju w VA (CRADO).

Wskaźniki wypadania w przeglądach bieżących IRB utrzymywały się na wysokim poziomie od 6% do 7% w latach 2010-2012 (wykres). Natomiast odsetek personelu naukowo-badawczego, który nie posiada odpowiedniego zakresu praktyki i wymaganych szkoleń, a który w 2010 r. miał porównywalnie wysokie wskaźniki, gwałtownie spadł w latach 2010-2012.

Rysunek. Wskaźniki jakości dla IRB - ciągłe przeglądy IRB, badania naukowe Zakres obowiązków personelu w zakresie praktyki i wymogów szkoleniowych (%)

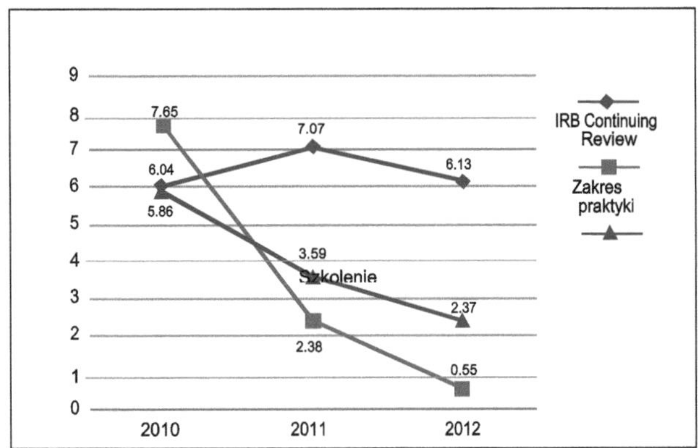

Skrót: IRB, instytucjonalna rada rewizyjna

Polityka federalna wymaga, aby wszystkie osoby biorące udział w badaniach na stronach międzynarodowych były objęte odpowiednią ochroną, która jest zgodna z ochroną udzielaną również podmiotom badawczym w Stanach Zjednoczonych.
jako zabezpieczenia uznane za właściwe przez władze lokalne i zwyczajowo stosowane na terenie międzynarodowym. [1] Polityka VA wymaga uzyskania zgody CRADO przed rozpoczęciem jakichkolwiek badań międzynarodowych zatwierdzonych przez VA. [4]

Podobnie, polityka federalna wymaga dodatkowej ochrony w przypadku, gdy w badania angażowane są grupy szczególnie narażone, takie jak dzieci i więźniowie. [1] Polityka VA wymaga uzyskania zgody CRADO przed rozpoczęciem jakichkolwiek badań z udziałem dzieci lub więźniów. [4]

Dane dotyczące badań międzynarodowych były dostępne dla wszystkich 3 lat (tabela 1). Jednak dane dotyczące badań z udziałem dzieci i więźniów były dostępne tylko w 2011 i 2012 roku. Chociaż liczba tych protokołów badawczych była niewielka, od 0 do 8 protokołów, wysoki odsetek tych protokołów, od 21% do 100%, nie otrzymał zatwierdzenia CRADO przed rozpoczęciem badań.

DYSKUSJA

Dane przedstawione w niniejszym raporcie ujawniają, że nastąpiła znaczna poprawa w VA HRPP od czasu, gdy VAORO rozpoczęło gromadzenie danych QI w 2010 roku. Spośród dostępnych danych za okres od 2010 do 2012 r., 9 wykazało poprawę, żaden nie uległ pogorszeniu. Z 9 IQI, które nie wykazały istotnych statystycznie różnic, 7 miało bardzo niskie wskaźniki QI w 2010 roku (większość z nich wynosiła < 1%). W związku z tym dalsza poprawa może być trudna do osiągnięcia. Z drugiej strony, VAORO zidentyfikowało 2 QI, które wymagają poprawy.

Głównym celem gromadzenia tych danych jest promowanie poprawy jakości. Każdego roku VAORO przekazuje informacje zwrotne do VA Research Facilities, przekazując każdemu obiektowi swoje dane QI wraz ze średnimi krajowymi i sieciowymi, tak aby każdy obiekt wiedział, na czym polega jego pozycja na poziomie krajowym i VISN. Oczekuje się, że dzięki tym informacjom obiekty będą w stanie zidentyfikować mocne i słabe strony oraz odpowiednio przeprowadzić działania na rzecz poprawy jakości.

Istnieje kilka potencjalnych przyczyn zaobserwowanych usprawnień. Możliwe, że poprawa mogłaby wynikać z błędów w sprawozdawczości, na przykład w przypadku, gdyby zakłady nie zgłaszały w wystarczającym stopniu niezgodności z przepisami. Niedostateczna sprawozdawczość jest jednak mało prawdopodobna, ponieważ dane zebrano na podstawie niezależnych audytów IKD i audytów protokołów regulacyjnych. W VA, RCO podlegają bezpośrednio urzędnikom instytucjonalnym i działają niezależnie od służby badawczej.

Niektóre obiekty również mogły systematycznie "grać w system", aby ich programy wyglądały lepiej. Na przykład, niektóre IRB mogą stać się mniej skłonne do zawieszenia protokołu, kiedy powinien on zostać zawieszony. Chociaż nie można całkowicie wykluczyć powyższych możliwości, autorzy uważają, że są one mało prawdopodobne. Po pierwsze, nie wszystkie QI zostały poprawione. W szczególności, wypadnięcie w przeglądach IRB utrzymało się na wysokim poziomie i nie uległo zmianie w okresie od 2010 do 2012 roku. Ponadto rutynowe kontrole na miejscu dotyczące zasobów ludzkich w zakładzie niezależnie zweryfikowały niektóre z ulepszeń zaobserwowanych w tych danych dotyczących zapewniania jakości.

Zidentyfikowano dwa obszary wymagające poprawy: ustaje w IRB stały przegląd i badania wymagające zatwierdzenia przez CRADO. Te dwa obszary mogą zostać łatwo ulepszone, jeśli obiekty będą chciały poświęcić wysiłek i środki na poprawę procedur i praktyk IRB. W poprzednim badaniu opartym na danych QI z 2011 r., autorzy donieśli, że obiekty VA z małym ludzkim programem badawczym (aktywne ludzkie protokoły badawcze < 50) miały wskaźnik wypadania w IRB nadal przeglądy 3,2%; obiekty ze średnim programem badawczym (50-200 aktywnych ludzkich protokołów badawczych) miały wskaźnik 5,5%; a obiekty z dużym programem badawczym (> 200 aktywnych ludzkich protokołów badawczych) miał wskaźnik 8,6%. [14] W związku z tym, obiekty o dużym programie badawczym szczególnie potrzebują poprawy procesów ciągłego przeglądu IRB.

Oprócz QI, dane te dają możliwość udzielenia odpowiedzi na szereg ważnych pytań dotyczących HRPP. Na przykład, w oparciu o dane QI z 2011 r., autorzy wcześniej wykazali, że HRPP obiektów wykorzystujących własne IRB VA oraz te wykorzystujące stowarzyszone uniwersyteckie IRB jako swoje IRB rekordu działały równie dobrze, dostarczając po raz pierwszy danych naukowych w celu wsparcia długoletniej polityki VA, że jest dopuszczalne, aby placówki VA wykorzystywały własne IRB lub stowarzyszone uniwersyteckie IRB jako IRB rekordu. [4,13] Podobnie, pojawiły się obawy, że obiekty z małymi programami badawczymi mogą nie mieć wystarczających zasobów, aby wesprzeć energiczny program rozwoju zasobów ludzkich (HRPP).

W poprzednim badaniu opartym na analizie danych QI za 2011 r. autorzy wykazali, że HRPP-y obiektów z małymi programami badawczymi prowadzono co najmniej oraz obiektów ze średnimi i dużymi programami badawczymi. [14] Obiekty z dużymi programami badawczymi wydawały się nie działać tak dobrze, jak obiekty z małymi i średnimi programami badawczymi, co sugeruje, że obiekty z dużymi programami badawczymi mogą potrzebować dodatkowych środków na wsparcie HRPP.

Dwa podstawowe pytania pozostają bez odpowiedzi. Po pierwsze, czy te wskaźniki jakości są najbardziej optymalne do oceny programów ochrony zasobów ludzkich? Po drugie, czy wysokiej jakości HRPP mierzone z wykorzystaniem QI rzeczywiście zapewniają lepszą ochronę obiektów badawczych? Chociaż w chwili obecnej nie ma jasnych odpowiedzi na te ważne pytania, istnieje wyraźna potrzeba zmierzenia jakości HRPP. Niewątpliwie konieczna jest modyfikacja obecnych IZ lub dodanie nowych. Autorzy dzielą się jednak swoimi doświadczeniami z instytucjami naukowymi i innymi instytucjami badawczymi nie należącymi do obszaru VA, opracowując własne QI do oceny jakości swoich programów kadr.

Potwierdzenie

Autorzy pragną podziękować J. Thomasowi Puglisi, doktorowi, dyrektorowi naczelnemu, Biuru Nadzoru nad Badaniami, za jego wsparcie i krytyczny przegląd manuskryptu oraz podziękować wszystkim urzędnikom ds. zgodności badań VA za ich wkład w przeprowadzanie audytów i gromadzenie danych przedstawionych w niniejszym raporcie.

Ujawnianie informacji na temat autorów

Autorzy nie zgłaszają rzeczywistych lub potencjalnych konfliktów interesów w odniesieniu do tego artykułu.

Zrzeczenie

Opinie wyrażone w niniejszym dokumencie są opiniami autorów i niekoniecznie odzwierciedlają opinie Federal Practitioner, *Frontline Medical Communications Inc., rządu USA lub którejkolwiek z jego agencji. Ten artykuł może omawiać przypadki nieoznakowanego lub badawczego zażywania niektórych leków. Prosimy o zapoznanie się z kompletnymi informacjami dotyczącymi przepisywania określonych leków lub kombinacji leków - w tym wskazań, przeciwwskazań, ostrzeżeń i działań niepożądanych - przed podaniem pacjentom terapii farmakologicznej.*

REFERENCJE

1. Departament Zdrowia i Usług Społecznych USA. 1991. Federalna polityka ochrony osób żyjących w ludziach. 45 Code of Federal Registration (CFR) 46.

2. Krajowa Komisja ds. Ochrony Podmiotów Ludzkich w zakresie badań biomedycznych i behawioralnych. Raport Belmonta: Zasady etyczne i wytyczne dotyczące ochrony osób, których dotyczą badania. Strona internetowa Departamentu Zdrowia i Usług Społecznych USA. http://www.hhs.gov/ohrp/humansubjects/guidance/belmont.html. Opublikowano 18 kwietnia 1979 roku. Dostępny od 6 marca 2015 roku.

3. Institute of Medicine (U.S.) Komitet ds. Oceny Systemu Ochrony Osób Prowadzących Badania nad Człowiekiem (Institute of Medicine (U.S.) Committee on Assessing the System for Protecting Human Research Subjects). *Zachowanie zaufania publicznego: Programy ochrony uczestników badań naukowych i akredytacji.* Waszyngton, DC: National Academies Press; 2001.

4. Departament Spraw Weteranów USA, Administracja Zdrowia Weteranów. Wymagania w zakresie ochrony uczestników badań naukowych. Podręcznik 1200.05. Strona internetowa Departamentu Spraw Weteranów USA. http://www.va.gov/vhapublications/ViewPublication.asp?pub_ID=30

52. 12 listopada 2014 roku. Dostępny od 6 marca 2015 roku.
5. Kizer KW. Oświadczenie w sprawie nadzoru w Administracji Zdrowia Weteranów przed Podkomisją ds. Weteranów, Izba Reprezentantów USA. Strona internetowa Departamentu Spraw Weteranów USA. http://www.va.gov/OCA/testimony/hvac/sh/21AP9910.asp. 21 kwietnia 1999 roku. Dostępny od 19 marca 2015 roku.
6. Steinbrook R. Ochrona obiektów badawczych - Kryzys w Johns Hopkins. *N Engl J Med.* 2002;346(9):716-720.
7. Kranish M. System ochrony ludzi w badaniach naukowych. z powodu błędów w badaniach. *Boston Globe.* 25 marca 2002:A1.
8. Shalala D. Ochrona obiektów badawczych - co należy zrobić. *N Engl J Med.* 2000;343(11):808-810.
9. Steinbrook R. Poprawa ochrony obiektów badawczych. *N Engl J Med.* 2002;346(18):1425-1430.
10. Tsan MF, Smith K, Gao B. Ocena jakości programów ochrony badań człowieka: doświadczenie w Departamencie Spraw Weteranów. *IRB.* 2010;32(4):16-19.
11. Departament Spraw Weteranów USA, Administracja Zdrowia Weteranów. Komitet Badań i Rozwoju. Podręcznik 1200.01 Strona internetowa Departamentu Spraw Weteranów USA. http://www.va.gov/vhapublications/ViewPublication.asp?pub_ID=2038. Opublikowano 16 czerwca 2009 roku. Dostępny od 6 marca 2015 roku.
12. Tsan MF, Nguyen Y, Brooks R. Wykorzystywanie wskaźników

jakości do oceny programów ochrony badań człowieka w Departamencie Spraw Weteranów. *IRB.* 2013;35(1):10-14.
13. Tsan MF, Nguyen Y, Brooks R. Ocena jakości programów ochrony badań nad ludźmi VA: VA a powiązana z nim Rada Kontroli Instytucjonalnej Uczelni. *J Empir Res Hum Res Res Ethics.* 2013;8(2):153-160.
14. Nguyen Y, Brooks R, Tsan MF. Programy ochrony badań człowieka w Departamencie Spraw Weteranów: wskaźniki jakości i wielkość programu. *IRB.* 2014;36(1):16-19.
15. Departament Spraw Weteranów USA, Administracja Zdrowia Weteranów. Wymogi dotyczące sprawozdawczości w zakresie zgodności badań. Podręcznik 1058.01. Strona internetowa Departamentu Spraw Weteranów USA. http://www.va.gov/vhapublications/viewpublication.asp?pub_id=2463. Opublikowano 15 listopada 2011 roku. Dostępny od 6 marca 2015 roku.
16. Tsan MF, Puglisi JT. Działania związane z opieką zdrowotną, które mogą stanowić działalność badawczą: perspektywa Departamentu Spraw Weteranów. *IRB.* 2014;36(1):9-11.
17. Woodward M. *Epidemiologia. Studium Projektowanie i analiza danych.* Boca Raton, FL: Chapman i Hall/CRC; 2014.
18. Tsan L, Davis C, Langberg R, Pierce JR. Wskaźniki jakości w Departamencie Spraw Weteranów w placówkach opieki domowej: ocena wstępna. *Am J Med Qual.* 2007;22(5):344-350.

Rozdział siódmy

Opóźnienie w instytucjonalnej radzie ds. przeglądu, kontynuacja zatwierdzania przeglądu[6]

poprzez

Min-Fu Tsan i Yen Nguyen.

Federalna Polityka Ochrony Osób Zaginionych, znana również jako wspólna zasada, wymaga, aby instytucjonalne rady ds. przeglądów (IRB) prowadziły ciągły przegląd badań nad ludźmi w odstępach czasu odpowiednich do stopnia ryzyka, ale nie rzadziej niż raz w roku. [1] Podstawowym celem tego wymogu jest zapewnienie, że, między innymi, ryzyko dla uczestników jest minimalizowane i nadal jest uzasadnione w odniesieniu do wiedzy, która ma wynikać z badań i przewidywanych korzyści, jeśli takie istnieją, dla uczestników. [2]

Przepisy federalne nie przewidują żadnego okresu karencji przedłużającego prowadzenie badań po upływie terminu ważności zatwierdzenia przez IRB. Utrata ważności zatwierdzenia badań przez IRB w ramach przeglądu ciągłego ma miejsce w każdym przypadku,

---

[6] Tsan MF, Nguyen Y. Lapse w instytucjonalnej radzie ds. przeglądu w dalszym ciągu zatwierdza przegląd. *IRB: Ethics & Human Research,* *37*(2): 14-19, 2015. Copyright©2015 the Hastings Center. Przedrukowany za zgodą Centrum Hastings i współautorów.

gdy prowadzący badanie nie dostarczy IRB informacji na temat przeglądu ciągłego lub gdy IRB nie przeprowadził przeglądu ciągłego i nie zatwierdził badania przed upływem terminu ważności zatwierdzenia przez IRB. W takich okolicznościach należy zaprzestać wszelkiej działalności badawczej z udziałem podmiotów ludzkich, chyba że IRB uzna, że dalsze uczestnictwo w badaniach leży w najlepszym interesie podmiotów już zarejestrowanych. W związku z tym nowi uczestnicy nie mogą być zapisywani, a dalsze uczestnictwo już zapisanych uczestników może być właściwe tylko wtedy, gdy interwencje badawcze stwarzają perspektywę bezpośrednich korzyści dla uczestników lub gdy wstrzymanie tych interwencji stwarza dla nich zwiększone ryzyko. [3]

Pomimo znaczenia terminowego zatwierdzania kolejnych przeglądów IRB, niewiele wiadomo o odsetku przypadków wygaśnięcia kolejnych przeglądów IRB oraz o częstotliwości kontynuowania działalności badawczej przez badaczy w tym okresie. Nie jest również jasne, jakie czynniki mogą mieć wpływ na wskaźnik wygaśnięcia ważności zezwolenia na kontynuację przeglądu przez IRB. W 1995, Nightingale cytowane nieodpowiednie lub późno przeglądu aktywnych protokołów jako jeden z najczęstszych braków zidentyfikowanych przez Food and Drug Administration (FDA). [4] W sprawozdaniu Biura Odpowiedzialności Rządu (GAO) z 1996 r. stwierdzono, że ciągłe przeglądy IRB były zazwyczaj powierzchowne lub nie były przeprowadzane w ogóle, i spekulowano, że przyczyną tego niedociągnięcia było to, że wiele IRB było przepracowanych i niedostatecznie wspieranych przez ich instytucje. [5] Chociaż od czasu opublikowania sprawozdania w sprawie utrzymywania gruntów w dobrej kulturze rolnej zgodnej z ochroną środowiska widoczna jest znaczna poprawa - w tym silniejszy nadzór federalny nad badaniami, większe wsparcie instytucjonalne dla organów ds. restrukturyzacji i uporządkowanej likwidacji oraz lepsze szkolenia dla pracowników dochodzeniowych i członków organów ds. restrukturyzacji i uporządkowanej likwidacji6 - niewiele wiadomo na temat obecnego stanu zgodności w ramach ciągłych przeglądów organów ds. restrukturyzacji i uporządkowanej likwidacji szkód.

Departament Spraw Weteranów (VA) Health Care System jest największym zintegrowanym systemem opieki zdrowotnej w kraju. W latach 2010-2013 w ośrodkach VA (ośrodki medyczne VA lub systemy opieki zdrowotnej VA) prowadzonych było od 107 do 108 placówek prowadzących badania na ludziach. W ramach programu zapewniania jakości VA gromadzi dane dotyczące wskaźników jakości (QI), w tym stałe przeglądy IRB, dla Human Research Protection Programs (HRPPs) od 2010 [roku7].

W bieżącym badaniu przeanalizowaliśmy dane VA HRPP QI z lat 2010-2013, skupiając się na przeglądach IRB. W tym miejscu przedstawiamy wskaźniki wypadania w przeglądach IRB kontynuowanych przez okres czterech lat oraz to, czy wielkość programów badań nad ludźmi lub rodzaje stosowanych IRB (VA lub stowarzyszone uniwersyteckie IRB) ma jakikolwiek wpływ na wypadanie w przeglądach IRB kontynuowanych przez IRB.

Metody

Zbieranie danych. W ramach programu zapewnienia jakości VA HRPP, każda placówka badawcza VA była zobowiązana do przeprowadzania corocznych audytów wszystkich dokumentów świadomej zgody (ICD) oraz audytów regulacyjnych wszystkich aktywnych protokołów badań człowieka przeprowadzanych co trzy lata przez wykwalifikowanych urzędników ds. zgodności badań (RCO). [8] audytów regulacyjnych w ramach protokołu ograniczono do trzyletniej retrospektywnej analizy protokołów. Opracowano narzędzia audytu na potrzeby corocznych audytów ICD oraz trzyletnich audytów regulacyjnych protokołem. Następnie przeszkolono [9] przedsiębiorstw świadczących usługi w zakresie operacji związanych z infrastrukturą w celu wykorzystania tych narzędzi do przeprowadzania audytów w ciągu całego roku.

Wyniki audytów ICD i audytów regulacyjnych protokołów przeprowadzonych między 1 czerwca a 31 maja każdego roku zostały zebrane za pośrednictwem systemu internetowego ze wszystkich ośrodków badawczych VA. Zebrane informacje obejmowały wymogi dotyczące autoryzacji ICD i ustawy o przenoszeniu i rozliczalności ubezpieczenia zdrowotnego (HIPAA), wstępne zatwierdzenie protokołów badań człowieka, zgodność z wybranymi wymogami dotyczącymi świadomej zgody, zawieszenie lub zakończenie protokołów badań człowieka, poważne zdarzenia niepożądane związane z badaniami naukowymi, zgodność z wymogami ciągłego przeglądu IRB, przedmiot rejestracji zgodnie z kryteriami włączenia i wykluczenia, zakresy praktyki personelu badawczego oraz wymogi dotyczące szkolenia w zakresie ochrony badań człowieka. Nie zebrano żadnych danych osobowych, które można by było zidentyfikować indywidualnie. Ponieważ był to projekt zapewnienia jakości VA i nie zebrano żadnych indywidualnie identyfikowalnych informacji, nie była wymagana kontrola IRB i zatwierdzenie projektu. [10]

Analiza danych. Wszystkie zebrane dane zostały wprowadzone do skomputeryzowanej bazy danych do analizy. W razie potrzeby skontaktowano się z obiektami w celu zweryfikowania dokładności i jednolitości zgłaszanych danych.

Do określenia trendu zmian w latach 2010-2013 wykorzystaliśmy test chi-square Mantela-Haenszela.[11] Do porównania dwóch środków wykorzystano test t-Studenta z korektą Bonnferoniego dla wielokrotnych porównań w celu określenia poziomu istotności. [12] Wartość $p < 0,05$ została uznana za statystycznie istotną.

Wyniki

Lapse w IRB Continuing Reviews. W tabeli 1 podsumowano dane dotyczące ciągłych przeglądów IRB. Całkowita liczba protokołów badań na ludziach, które wymagały kontynuowania przeglądów IRB, była mniejsza niż całkowita liczba protokołów poddanych audytowi, ponieważ około 20% (19,9% 2,7%, średnia SD) protokołów poddawanych audytowi każdego roku nie wymagało kontynuowania przeglądów IRB. W 2010 r. istniało 80 obiektów z protokołami wymagającymi stałych przeglądów IRB, w 2011 r. - 95, w 2012 r. - 93, a w 2013 r. - 99.

Wskaźniki wypadania w przeglądach bieżących IRB pozostawały stosunkowo wysokie i utrzymywały się na stałym poziomie od 6% do 7% w latach 2010-2013. Natomiast mniej niż 0,20 % badaczy kontynuowało działalność badawczą, wyłączając te działania, które zostały uznane przez IRB za najlepiej leżące w interesie już zarejestrowanych uczestników, w okresie usterek.

Dla celów porównawczych zamieściliśmy również dane QI dotyczące zakresu praktyki personelu badawczego i wymagań szkoleniowych w zakresie ochrony osób. Polityka VA wymaga, aby cały personel badawczy uczestniczący w badaniach na ludziach posiadał zatwierdzony zakres praktyki badawczej określający obowiązki, które dana osoba posiada kwalifikacje i może wykonywać dla celów badawczych, jak również ukończyć wstępne i roczne szkolenie w zakresie zasad etycznych i przyjętych dobrych praktyk klinicznych. [13] W 2010 r. personel badawczy w zakresie danych dotyczących praktyk i wymogów szkoleniowych zaczerpnięto ze wszystkich skontrolowanych protokołów badań w dziedzinie ludzi, zwierząt i bezpieczeństwa, a nie tylko z skontrolowanych protokołów badań w dziedzinie ludzi. Uwzględniliśmy jednak te dane do porównania z danymi za lata 2011-2013, ponieważ skontrolowane protokoły badań nienależących do ludzi stanowiły mniej niż 30% całości. Ponadto, w oparciu o nasze rutynowe przeglądy lokalnych programów ochrony zasobów ludzkich (HRPP), programów opieki nad zwierzętami i ich wykorzystywania, jak również programów bezpieczeństwa i ochrony, wierzyliśmy, że wskaźniki wygaśnięcia zakresu badań i wymogów szkoleniowych w tych protokołach badań nie-ludzkich są podobne do tych, w których stosuje się protokoły badań na ludziach. [14]

Jak pokazano w tabeli 1, wskaźnik wypadkowości kadr badawczych w 2010 r. wyniósł 7,65%. Jednak w ciągu najbliższych trzech lat gwałtownie spadła do 0,55% i 0,65% odpowiednio w 2012 i 2013 roku. Odsetek personelu naukowo-badawczego pracującego poza zakresem swojej praktyki był bardzo niski, poniżej 0,15%, w latach 2010-2013.

Wskaźnik wypadania wymagań dotyczących szkolenia personelu

naukowo-badawczego wyniósł 5,86% w 2010 r. i stale spadał w ciągu najbliższych trzech lat do 1,64% w 2013 r. Upadki w zakresie szkoleń wstępnych i rocznych wymogów w zakresie doskonalenia zawodowego wykazały podobne tendencje w zakresie poprawy w latach 2010-2013. Jednakże wydaje się, że wygaśnięcie wymogów dotyczących corocznego szkolenia ustawicznego było w dużej mierze odpowiedzialne za ogólne wygaśnięcie wymogów dotyczących szkolenia.

Tabela 1. Podsumowanie wybranych danych wskaźnika jakości programu ochrony badań nad ludźmi VA Human Research Program (VA Human Research Protection Program)

	2010201120122013			p wartość		
Łączna liczba urządzeń	107107107108					
Całkowita liczba skontrolowanych protokołów badań na ludziach			2,1023	,5584	,2493	,834
Opóźnienie w dalszych przeglądach protokołu.						
Całkowita liczba protokołów badań na ludziach wymagających						
stałe przeglądy	1,6062	,9423	,4113	,112		
Lapse in IRB - przeglądy bieżące w IRB	97	208209189		0.4173		
	(6.04%)	(7.07%)	(6.13%)	(6.17%)		
Kontynuacja działalności badawczej w okresie przejściowym			2 (0.12%)	6 (0.21%)	4 (0.12%)	3 (0.10%)
0.4302						
Zakres działalności personelu naukowo-badawczego oraz wymagania dotyczące szkolenia						
Łączna liczba personelu naukowo-badawczego w dziedzinie badań naukowych z udziałem ludzi						
protokoły poddane audytowi		6,787112	,32816	,59817	,330	
Bez zakresu badań naukowych w praktyce		519129492112		0.0000		
	(7.65%)	(3.28%)	(0.55%)	(0.65%)		
Praca poza zakresem badań naukowych w praktyce	101972	0.0001				
	(0.15%)	(0.07%)	(0.04%)	(0.01%)		
Wymagane szkolenie nie jest aktualne.	3981442393284		0.0000			
	(5.86%)	(3.59%)	(2.37%)(1.64%)			
Bez szkolenia wstępnego	1031927346		0.0000			
	(1.52%)	(0.75%)	(0.44%)	(0.27%)		
Lapse w szkoleniu ustawicznym		3031350320238		0.0000		
	(4.46%0	(2.84%)	(1.93%)	(1.37%)		

[1] Numery pochodzące ze wszystkich skontrolowanych protokołów dotyczących bezpieczeństwa ludzi, zwierząt i bezpieczeństwa

Rysunek 1 jest porównaniem przerw w ciągłości przeglądów IRB, zakresów praktyki personelu badawczego i wymogów szkoleniowych w latach 2010-2013. Jest oczywiste, że kiedy zaczęliśmy zbierać dane VA HRPP QI w 2010 r., te trzy parametry miały podobny wysoki wskaźnik wypadnięć. Jednakże, o ile w ciągu kolejnych trzech lat odnotowano wyraźną poprawę w zakresie praktyk i wymogów szkoleniowych personelu naukowo-badawczego, o tyle w przypadku IRB w tym samym okresie nie nastąpiła poprawa w zakresie ciągłych przeglądów IRB.

Wpływ rodzaju używanego IRB. W oparciu o rodzaje stosowanych IRB, ośrodki badawcze VA można podzielić na trzy grupy: ośrodki wykorzystujące własne IRB VA, ośrodki wykorzystujące inne IRB VA oraz ośrodki wykorzystujące uniwersyteckie IRB jako swoje rekordowe IRB. Przeanalizowaliśmy nasze dane w celu ustalenia, czy zastosowane rodzaje IRB miały jakikolwiek wpływ na wypadki w przeglądach IRB.

Jak pokazano w tabeli 2, średnio około 48 placówek każdego roku wykorzystywało własne IRB VA, 12 placówek każdego roku wykorzystywało IRB innych placówek VA, a 32 placówki każdego roku wykorzystywały stowarzyszone uniwersyteckie IRB jako zarejestrowane IRB. Jednakże zastosowane rodzaje IRB nie miały wpływu na wskaźniki wygaśnięcia w przeglądach bieżących IRB.

Wpływ wielkości programów badań nad ludźmi. Przeanalizowaliśmy również nasze dane pod kątem wielkości programów badawczych obiektów. W oparciu o dane VA HRPP Quality Indicator 2011, wcześniej informowaliśmy, że obiekty z dużym programem badań nad ludźmi (z ponad 200 protokołami badań nad ludźmi) nie działały tak dobrze, jak te ze średnimi (między 50 a 200 protokołami) lub małymi (mniej niż 50 protokołami) programami badawczymi. [15]

Jak pokazano w tabeli 3, średnio około 27 obiektów każdego roku miało mały program badawczy, 35 obiektów każdego roku miało średni program badawczy, a 29 obiektów każdego roku miało duży program badawczy. Obiekty o średnim programie badawczym miały najwyższy wskaźnik wypadkowości w IRB (7,30%), podczas gdy obiekty o małym programie badawczym miały najniższy wskaźnik wypadkowości (3,99%). Nie stwierdzono jednak istotnych statystycznie różnic pomiędzy trzema grupami stosującymi test t-Studenta z korektą Bonferroniego dla wielokrotnych porównań (po korekcie Bonferroniego dla wielokrotnych porównań [n = 3], wartość p musi być < 0,017). W związku z tym rozmiary programów badawczych dla ludzi nie miały związku z odsetkiem osób, które w dalszym ciągu korzystają z IRB.

Obiekty o wysokich wskaźnikach wypadkowości w IRB Continuing Reviews. Ponieważ ani rodzaje używanych IRB, ani rozmiary programów badawczych dla ludzi nie miały istotnego wpływu na wskaźniki wypadania IRB w dalszym przeglądzie, skoncentrowaliśmy się na tych obiektach, w których wskaźnik wypadania jest wysoki, innymi słowy, przekracza 10%. Jak pokazano w Tabeli 4, średnio 55 obiektów (60,22%) każdego roku nie odnotowało przerw w przeglądach IRB (0%), 17 (18,27%) i 20 (21,51%) obiektów corocznie odnotowywało wskaźniki przerw w przeglądzie IRB wynoszące odpowiednio > 0% - 10% i > 10%.

Analiza obiektów o wskaźniku wygaśnięcia wynoszącym > 10 % w okresie od 2010 r. do 2013 r. wykazała, że w przypadku 25 obiektów wskaźnik wygaśnięcia wynosił > 10 % raz w okresie od 2010 r. do 2013 r., w przypadku 10 obiektów wskaźnik wygaśnięcia wynosił > 10 % dwa razy w ciągu tych czterech lat, w przypadku 6 obiektów wskaźnik wygaśnięcia wynosił > 10 % w ciągu trzech z czterech lat, a w przypadku 4 obiektów wskaźnik wygaśnięcia wynosił > 10 % we wszystkich czterech latach.

Rysunek 1. Porównanie wskaźników wygaśnięcia w odniesieniu do ciągłych przeglądów IRB, zakresów działalności personelu badawczego i wymogów szkoleniowych w latach 2010-2013.

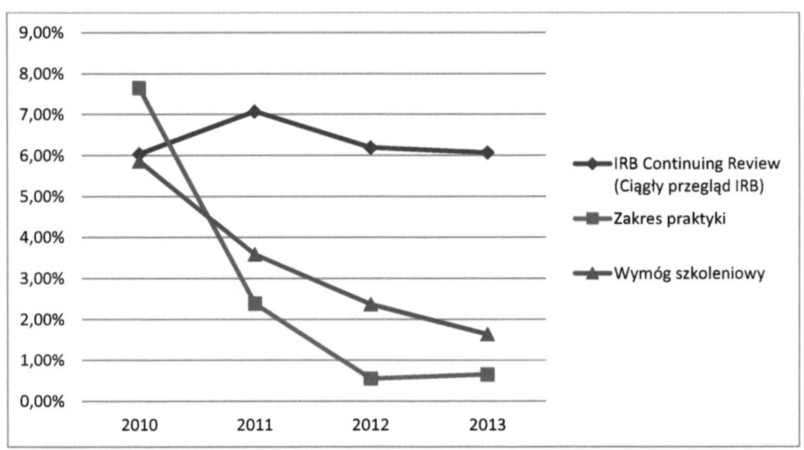

Tabela 2. Lapse in Continuing Reviews According to types of IRB used

Rodzaje IRB 2010 2011 2012 2012 2013
Średnia (SD)

Własne VA IRB IRB
Liczba obiektów 41 50 49 51 47,8 (5.6)
Wskaźniki wypadkowości 5.12% 8.14% 6.31% 5.77%
6.33% (1.30%)*

Pozostałe IRB VA
Liczba obiektów 9 12 13 13 15 12.3 (2.5)
Wskaźniki wypadkowości 1.92% 10.20% 10.26% 3.16%
6.39% (4.47%)

Podmiot powiązany IRB
Liczba obiektów 30 33 31 33 33 31 31,8
(1.5)
Wskaźniki wypadkowości 7,63% 5,51% 5,69%
6,88% 6,43% (1,01%)

***p** values: 0,9835 (własny VA IRB vs. inny VAIRB); 0,9139 (własny IRB vs. powiązany IRB); oraz 0,9858 (pozostałe VA IRB vs. powiązany IRB)

Tabela 3. Lapse in Continuing Reviews According to Program Size".

Rozmiary programów 2010 2011 2012 2012 2013
Średnia (SD)

Małe (<50 protokołów)
Liczba obiektów 25 28 28 26 30 27,2 (2.2)
Wskaźniki wypadkowości 3.95% 3.18% 6.47% 2.35%
3.99% (1.78%)*

Średnia (protokoły 50-200)
Liczba obiektów 31 38 36 36 36 35,2 (3,0)
Wskaźniki wypadkowości 7.18% 5.52% 8.48%
8.03% 7.30% (1.30%)

Duże (> 200 protokołów)
Liczba obiektów 24 29 31 31 33 29.3 (3.9)
Wskaźniki wypadkowości 5,44% 8,59% 4,99%
5,45% 6,12% (1,66%)

***p** values: 0,0221 (małe i średnie); 0,1245 (małe i duże); oraz 0,2973 (średnie i duże).

Tabela 4. Liczba obiektów z różnymi stawkami IRB w ramach ciągłego przeglądu stawek za zwłokę (Continuing Review Lapse Rates).

Stawki Lapse Rates	2010	2011	2012	201 3	Średnia (SD)
0%					
Liczba urządzeń	55	50	51	64	55 (6.4)
Procent	68.75%	52 .63%	54.84%	64.65%	60.22% (7.72%)
>0% - 10%					
Liczba urządzeń	8	20	25	15	17 (7.3)
Procent	10.00 %	21.05%	26.88%	15.15%	18.27% (7.30%)
>10%					
Liczba urządzeń	17	25	17	20	19.8 (3.8)
Procent	21 ,25%	26 ,32%	18,28%	20,20%.	21.51% (3.43%)

Dyskusja

Dane przedstawione w niniejszym raporcie pokazują, że wskaźniki wypadkowości w przeglądzie ciągłym IRB w ośrodkach badawczych VA utrzymywały się na względnie stałym poziomie powyżej 6,0% w okresie czterech lat od 2010 do 2013 roku. Natomiast mniej niż 0,20 % badaczy kontynuowało działalność badawczą, wyłączając te działania, które zostały uznane przez IRB za najlepiej leżące w interesie już zarejestrowanych uczestników, w okresie usterek. W związku z tym większość badaczy zaprzestała działalności badawczej po wygaśnięciu zatwierdzenia IRB. Stwierdziliśmy również, że rodzaje używanych IRB lub rozmiary programów badawczych dla ludzi nie miały oczywistej korelacji z wypadnięciem obiektu w przeglądach IRB. Jednakże, około 20% obiektów z protokołami wymagającymi kontynuowania przeglądów IRB miało wskaźnik ciągłości przeglądów IRB na poziomie > 10% rocznie. Ponadto szereg obiektów wydawało się być powtarzającymi się sprawcami wykroczeń: w sumie w 10 obiektach IRB wskaźnik ciągłości przeglądów wynosił > 10 % w ciągu co najmniej trzech z czterech lat od 2010 r. do 2013 r., co sugeruje problemy systemowe w tych obiektach. W związku z tym, wymagaliśmy, aby te 10 obiektów opracowało plany działań naprawczych w celu poprawy ciągłości przeglądów IRB.

Brak poprawy wskaźników wypadkowości w odniesieniu do ciągłego przeglądu IRB w latach 2010-2013 jest uderzający, biorąc pod uwagę fakt, że w tym samym okresie zaobserwowano wyraźną poprawę wskaźników wypadkowości w odniesieniu do zakresu praktyki personelu badawczego i wymogów szkoleniowych, mimo że te trzy wskaźniki były podobnie wysokie w 2010 roku. Wcześniej informowaliśmy, że w sumie 19 wskaźników wydajności VA HRPP z wszystkimi dostępnymi danymi z trzech lat, 10 nie wykazało żadnej poprawy, a 9 wykazało wyraźną poprawę w okresie trzech lat od 2010 do 2012 roku. Spośród 10 wskaźników efektywności, które nie wykazały żadnej poprawy, wszystkie z wyjątkiem 2 (wypadki w przeglądach IRB i wymagania VA w zakresie międzynarodowych badań i badań z udziałem dzieci i więźniów) miały bardzo niski wskaźnik wypadania w 2010 r. (poniżej 1%), co sugeruje, że dalsza poprawa była trudna do osiągnięcia. [16] Można by argumentować, że ponieważ audyty regulacyjne protokołu, w tym audyty wygaśnięcia w ramach ciągłych przeglądów IRB, wymagały trzyletniego retrospektywnego spojrzenia na protokoły, wskaźniki wygaśnięcia zgłaszane co roku dla tych ciągłych przeglądów mogą zawierać wyniki z poprzednich dwóch lat w niektórych protokołach. Dane dotyczące zakresu praktyki personelu badawczego i wymogów w zakresie szkoleń dotyczą tylko jednego roku, a zatem może upłynąć więcej czasu, zanim nastąpi poprawa wskaźników wypadkowości w odniesieniu do przeglądów permanentnych IRB niż w odniesieniu do tych dwóch pozostałych wskaźników, nawet jeśli w 2011 r. obiekty zaczęłyby je poprawiać. Nie mogło to jednak tłumaczyć zgłaszanego tu braku poprawy, ponieważ dane obejmują okres czterech lat.

W połowie lat 90-tych zarówno FDA, jak i GAO poinformowały, że wygaśnięcie w IRB ciągłych przeglądów było jednym z najczęstszych ustaleń dotyczących niezgodności. [17] Prawie 20 lat później odkryliśmy, że spośród ponad 20 wskaźników wydajności HRPP, które monitorujemy, jeden z najwyższych pozostaje w IRB. Uważamy, że ta obserwacja nie jest unikalna dla ośrodków badawczych VA, ponieważ około jedna trzecia ośrodków VA wykorzystuje stowarzyszone uniwersyteckie IRB jako swoje rekordowe IRB. Ponadto, placówki korzystające z uniwersyteckich IRB miały podobne wskaźniki wypadania w przeglądach IRB kontynuowanych jak te, które korzystają z VA IRB. W latach 90. ubiegłego wieku spekulowano, że przepracowane IRB z nieodpowiednim wsparciem instytucjonalnym mogą być przyczyną wysokich wskaźników wygaśnięcia ciągłego przeglądu IRB. [18] Może to w dalszym ciągu przyczyniać się do wysokiego wskaźnika przestojów w dalszym przeglądzie IRB, mimo że ogólnie uważa się, że od tamtego czasu obciążenie pracą IRB i wsparcie instytucjonalne znacznie się poprawiły. [19] Szczególnie niepokoi nas brak poprawy na przestrzeni czterech lat, ponieważ co roku przekazujemy do zakładów wyniki badań wskaźników jakości HRPP w celu poprawy jakości. Ponadto, tylko stosunkowo niewielka liczba obiektów jest odpowiedzialna za ogólnie wysoki wskaźnik wypadkowości w przeglądach bieżących IRB.

Biuro Ochrony Badań nad Człowiekiem Departamentu Zdrowia i Usług dla Ludzi zaleca, aby w celu zapewnienia zgodności z wymogami regulacyjnymi i uniknięcia sytuacji, w których IRB kontynuuje przeglądy, dany IRB i badacz powinni zaplanować z wyprzedzeniem, aby zapewnić, że kontynuacja przeglądu i ponowne zatwierdzenie badań nastąpi przed końcem okresu zatwierdzenia określonego przez IRB. IRB powinna posiadać pisemne procedury zapewniające dostatecznie wczesne powiadomienie badacza, aby zapewnić spełnienie wymogów dotyczących dalszego przeglądu do dnia wygaśnięcia zatwierdzenia. IRB powinna opracować procedury administracyjne, takie jak wykorzystanie skomputeryzowanych systemów śledzenia, w celu zminimalizowania niezamierzonego wygaśnięcia zatwierdzenia IRB. Jednakże obowiązkiem prowadzącego badanie jest terminowe dostarczanie informacji potrzebnych IRB do wykonywania jego funkcji stałego przeglądu, a wszelkie przypomnienia od IRB do prowadzącego badanie o tym są uprzejme. [20] Tak więc skuteczne przestrzeganie wymogów IRB w zakresie ciągłego przeglądu zależy od współpracy i współpracy organów IRB i inspektorów. Mamy nadzieję, że coroczne dostarczanie zakładom danych z ciągłego przeglądu danych z monitoringu IRB pomoże im w opracowaniu strategii poprawy wskaźników zgodności.

Min-Fu Tsan, MD, PhD, był zastępcą dyrektora wykonawczego Office of Research Oversight w Departamencie Spraw Weteranów w czasie trwania badania, a **Yen Nguyen, Pharm D,** jest farmaceutą badawczym w Biurze Badań Oversight w Departamencie Spraw Weteranów.

Zrzeczenie

Poglądy przedstawione w niniejszym raporcie są poglądami autorów i niekoniecznie reprezentują poglądy Departamentu Spraw Weteranów.

Potwierdzenie

Autorzy pragną podziękować dr J. Thomasowi Puglisi, dyrektorowi wykonawczemu Biura Nadzoru Naukowego w Departamencie Spraw Weteranów za wsparcie tego projektu oraz wszystkim urzędnikom ds. zgodności badań VA za ich wkład w przeprowadzanie audytów i gromadzenie danych przedstawionych w niniejszym raporcie.

Odniesienia

1. Departament Zdrowia i Usług Społecznych. Ochrona Osób Zaginionych. Podczęść A. Podstawowa polityka HHS w zakresie ochrony uczestników badań nad ludźmi. 45 CFR 46.
2. Zob. ref.1; Departament Spraw Weteranów. Wymogi dotyczące ochrony uczestników badań naukowych. *VHA Handbook* 1200.05, 2010. http://www1.va.gov/vhapublications/.
3. Departament Zdrowia i Usług Społecznych, Biuro Ochrony Badań nad Człowiekiem. *Wytyczne dotyczące ciągłego przeglądu badań w ramach IRB*. 2010. http://www.hhs.gov/ohrp/policy/.
4. Nightingale SL. Aktualizacja z FDA. Przemówienie plenarne na konferencji PRIM&R IRB, 20 października 1995 r. Boston, Massachusetts.
5. Biuro Odpowiedzialności Rządu. *Badania naukowe - ciągła czujność mająca zasadnicze znaczenie dla ochrony uczestników życia ludzkiego*. GAO/HEHS- 96-72. 1996.
6. Steinbrook R. Poprawa ochrony obiektów badawczych. *NEJM* 2002;346:1425-30.
7. Tsan MF, Smith K, Gao B. Ocena jakości programów ochrony badań człowieka: Doświadczenie w Departamencie Spraw Weteranów. *IRB: Ethics & Human Research 2010*;32(4):16-19; Tsan MF, Nguyen Y, Brooks R. Wykorzystanie wskaźników jakości do oceny programów ochrony badań człowieka w

Departamencie Spraw Weteranów. *IRB: Ethics & Human Research 2013*;35(1):10-14; Tsan MF, Nguyen Y, Brooks R. Ocena jakości programów ochrony badań nad ludźmi VA: VA vs. stowarzyszona instytucjonalna rada rewizyjna uniwersytetu. *Journal of Empirical Research on Human Research Ethics* 2013;8:153-160; Nguyen Y, Brooks R, Tsan MF. Programy ochrony badań nad ludźmi w Departamencie Spraw Weteranów: Wskaźniki jakości i wielkość programu. *IRB: Ethics & Human Research 2014*;36(4):16-20; Tsan MF, Nguyen Y, Brooks R. Wykorzystanie wskaźników jakości do oceny i poprawy programów ochrony badań nad ludźmi: Doświadczenie Departamentu Spraw Weteranów. *Federal Practitioner*. Zbliżający się rok 2015.

8. Departament Spraw Weteranów. Wymogi dotyczące sprawozdawczości w zakresie zgodności badań. *VHA Handbook* 1058.01, 2010. http://www1.va.gov/ vhapublications/.

9. Narzędzia te są dostępne na stronie internetowej http://www.va.gov/ORO/Research_Compliance_Education.a sp.)

10. Tsan MF, Puglisi JT. Działania związane z opieką zdrowotną, które mogą stanowić punkt widzenia Departamentu Spraw Weteranów. *IRB: Ethics & Human Research 2014*;36(1):9-11.

11. Woodward M. *Epidemiologia. Studium Projektowanie i analiza danych*. Chapman i Hall/CRC, Londyn. 1999.

12. Matthews DE, Farewell VT. *Wykorzystanie i zrozumienie statystyk medycznych*. 2. edycja. S. Karger AG, Bazylea, Szwajcaria. 1988.

13. Zob. pkt 2; Departament Spraw Weteranów. 2010.

14. Zob. sędziego. 7, Tsan et al. *Federal Practitioner*. Nadchodzące.

15. Zob. sędziego. 7, Nguyen et al. *IRB: Etyka i badania nad ludźmi*

2014.

16. Zob. sędziego. 7, Tsan et al., *Federal Practitioner* forthcoming 2015.

17. Zobacz sędziami. 4 i 5.

18. Zob. sędziego. 5.

19. Zob. sędziego. 6.

20. Zob. sędziego. 3.

Rozdział 8

Ocena jakości programów ochrony badań człowieka w celu poprawy ochrony osób uczestniczących w badaniach klinicznych.[7]

poprzez

Min-Fu Tsan i Linda Tsan.

Streszczenie

Wprowadzenie: Instytucje prowadzące badania na ludziach tworzą programy ochrony badań człowieka w celu zapewnienia praw i dobrobytu uczestników badań oraz spełnienia wymogów etycznych i regulacyjnych. Ważne jest, aby ustalić, czy programy ochrony badań człowieka osiągnęły te cele.

Metody: Departament Spraw Weteranów opracował wskaźniki jakości i corocznie zbierał dane dotyczące wskaźników jakości programu ochrony zdrowia ludzkiego z 108 placówek badawczych od 2010 roku.

Wyniki: Analiza danych wskaźnika jakości programów ochrony

---

[7] Tsan MF, Tsan L. Ocena jakości programów ochrony badań człowieka w celu poprawy ochrony osób biorących udział w badaniach klinicznych. Badania kliniczne 12(3):224-231, 2015. DOI: 10.1177/74077451/4668688. Prawa autorskie © 2015 SAGE Publikacje. Przedruk za zgodą SAGE Publications i współautora.

badań człowieka w Departamencie Spraw Weteranów wykazała, że obiekty wykorzystujące instytucjonalne komisje rewizyjne uczelni wyższych, jak również te wykorzystujące własne instytucjonalne komisje rewizyjne Departamentu Spraw Weteranów oraz te z małymi programami badawczymi, czyli mniej niż 50 protokołów badań ludzkich, były wykonywane co najmniej, jak również te z większymi programami badawczymi. Te dane dotyczące wskaźników jakości dostarczyły również zakładom Departamentu Spraw Weteranów cennych informacji na temat poprawy jakości. Wiele z tych wskaźników jakości poprawiło się w kolejnych latach i żaden z nich nie uległ pogorszeniu. Wskaźniki wypadkowości w Radzie ds. Przeglądu Instytucjonalnego, która kontynuowała przeglądy, utrzymywały się na wysokim poziomie i stosunkowo stałym, wynoszącym ponad 6,0 % w okresie 4 lat od 2010 r. do 2013 r.

Dyskusja: Przyszłe wysiłki powinny być nakierowane na opracowanie zestawu wskaźników jakości programów ochrony badań człowieka, które rzeczywiście odzwierciedlają jakość programów ochrony badań człowieka, mających zastosowanie zarówno w Departamencie Spraw Weteranów, jak i w instytucjach zajmujących się sprawami weteranów innych niż Departament Spraw Weteranów, oraz określenie, czy wysokiej jakości programy ochrony badań człowieka mierzone przy użyciu tych wskaźników jakości przekładają się na lepszą ochronę podmiotu ludzkiego.

Słowa kluczowe
Ochrona osób, program ochrony badań naukowych, instytucjonalna komisja rewizyjna, wskaźniki jakości, poprawa jakości

Wprowadzenie

Ochrona ludzi jest integralną częścią wszystkich badań klinicznych. Federalna polityka ochrony podmiotów ludzkich[1] , znana również jako wspólna reguła, została ustanowiona w oparciu o zasady etyczne raportu Belmonta, tj. szacunek dla osób, dobroczynność i sprawiedliwość. [2] Zgodnie ze wspólnym przepisem instytucjonalna rada ds. przeglądów (IRB) jest odpowiedzialna za przegląd etyczny i zatwierdzanie (lub odrzucanie) protokołów z badań naukowych z udziałem człowieka oraz zapewnia nadzór w celu zapewnienia praw i dobrobytu osób biorących udział w badaniach. [1] Chociaż IRB ułatwia ochronę uczestników badań naukowych, sam nadzór IRB jest niewystarczający. [3,4] Oprócz IRB, badacze, instytucje, wolontariusze naukowi, sponsorzy badań oraz rząd federalny dzielą odpowiedzialność za ochronę przedmiotów badań. [3] Tym samym instytucje prowadzące badania na ludziach stworzyły ramy operacyjne, zwane programami ochrony badań człowieka (HRPP), w celu zapewnienia praw i dobrobytu uczestników badań oraz spełnienia wymogów etycznych i regulacyjnych. [3,5] HRPP w Departamencie Spraw Weteranów (VA) jest kompleksowym systemem składającym się z różnych osób i komitetów, w tym, ale nie wyłącznie, urzędnika instytucjonalnego, dyrektora administracji badawczej, urzędnika ds. zgodności badań, IRB, innych komitetów lub podkomisji zajmujących się ochroną osób, badaczy, przewodniczącego IRB i personelu IRB, personelu badawczego i personelu aptekarskiego. [5]

Pod koniec lat 90-tych i na początku XXI wieku, wiele dużych instytucji akademickich finansowanych federalnie programów badawczych zostało zawieszonych z powodu uporczywego, poważnego nieprzestrzegania przepisów federalnych, w tym niektórych, które doprowadziły do śmierci zdrowych ochotników. [6,7] W odpowiedzi na intensywną kontrolę społeczną poczyniono znaczne wysiłki na rzecz poprawy ochrony podmiotów badawczych. [6,8-10] Wysiłki te obejmowały m.in. silniejszy nadzór federalny nad badaniami, zewnętrzną akredytację instytucjonalnych HRPP, większe wsparcie instytucjonalne dla IRB i HRPP, lepsze szkolenia dla śledczych i członków IRB, ściślejsze monitorowanie i zgłaszanie zdarzeń niepożądanych oraz większe zaangażowanie uczestników badań i społeczeństwa. [10] Jednakże jak dotąd nie ma danych wykazujących, że dzięki tym wysiłkom badania nad ludźmi stały się bezpieczniejsze.

Ochrona uczestników badań nie może być mierzona bezpośrednio, ponieważ ochrona uczestników badań i ryzyko związane z badaniami nie są łatwo policzalne. Z drugiej strony, jakość programów kadrowych można ocenić dzięki ich procesowemu charakterowi. Od wysokiej jakości programów kadrowych oczekuje się zminimalizowania ryzyka dla uczestników badań w możliwym zakresie, przy jednoczesnym zachowaniu integralności badań. [11] Tak więc, poprawa jakości HRPP może prowadzić do poprawy ochrony osób.

Przegląd literatury, w tym przeszukanie bazy danych amerykańskiej Narodowej Biblioteki Medycyny PubMed, ujawnił, że tylko VA opublikowała dane dotyczące wskaźnika jakości (QI) dla swoich HRPP zbierane corocznie w latach 2010-2013 ze swoich 108 ośrodków badawczych. [12-16] The Association for Accreditation of Human Research Protection Program Incorporated zebrało również dane metryczne dotyczące działalności HRPP od akredytowanych instytucji i umieściło je na swojej stronie internetowej[17] , ale żadne z nich nie zostało opublikowane w recenzowanych czasopismach naukowych. Nasze poszukiwania literatury naukowej nie wykazały żadnych innych opublikowanych danych HRPP QI ani danych metrycznych dotyczących wyników innych instytucji. W tym przeglądzie porównaliśmy wskaźniki efektywności HRPP QI firmy VA oraz programu ochrony badań nad człowiekiem Association for Accreditation of Human Research Protection Program, wskaźniki wydajności HRPP firmy Incorporated, podsumowaliśmy dane VA HRPP QI oraz oceniliśmy ich potencjalny wpływ na jakość HRPP i ochrony osób, których dotyczą.

Metody

Ochrona naukowa QI i wskaźniki jakości i wydajności

Aby ocenić jakość aplikacji HRPP, należy najpierw opracować wskaźniki jakości lub wskaźniki wydajności. Te wskaźniki jakości lub wskaźniki wydajności powinny być co najmniej półpłynne, mierzalne, praktyczne i istotne z punktu widzenia ochrony osób. W 2009 r. agencja VA opracowała zestaw 16 wskaźników jakości na potrzeby oceny swoich programów ochrony zasobów ludzkich w ramach trzyetapowego procesu: po pierwsze, określenie potencjalnych wskaźników jakości; po drugie, konsultacje wewnętrzne i zewnętrzne z zainteresowanymi stronami i ekspertami w dziedzinie ochrony osób w celu uzyskania sugestii i uwag; i wreszcie, przegląd i przegląd proponowanych wskaźników jakości w świetle otrzymanych sugestii i uwag. [11] Oprócz oceny procesu i infrastruktury HRPP podjęto znaczne wysiłki w celu oceny wyników, w tym wyników, które mogą wskazywać na to, że uczestnicy badań zostali poszkodowani lub ich prawa zostały naruszone, a także czynników, które mogą prowadzić do szkody dla ludzi. [11]

W tabeli 1 wymieniono 16 VA HRPP QI. Większość QI ma wiele wskaźników wydajności. Jednakże w ostatecznym wdrożeniu VA QI do gromadzenia danych wybrano 25 wskaźników wydajności. Aby odróżnić wskaźniki wydajności VA HRPP QI od wskaźników wydajności Stowarzyszenia na rzecz Akredytacji Programu Ochrony Badań nad Człowiekiem (Association for Accreditation of Human Research Protection Program, Incorporated's HRPP performance metrics), w niniejszym przeglądzie oznaczyliśmy je jako wskaźniki wydajności VA HRPP lub wskaźniki wydajności VA. Niektóre z VA QI są specyficzne dla VA HRPP i nie mają zastosowania do HRPP innych niż VA. Oprócz wspólnych zasad, naukowcy VA muszą spełniać wymogi ustanowione przez VA. Na przykład, w systemie opieki zdrowotnej VA, IRB jest podkomitetem Komitetu Badań i Rozwoju (R&DC). [18] Badań z udziałem ludzi nie można rozpocząć, dopóki nie zostaną one zatwierdzone zarówno przez IRB (chyba że są wyłączone z przeglądu IRB), jak i R&DC. [5,18] Dla celów porównawczych w Tabeli 1 wymieniono również Stowarzyszenie na rzecz Akredytacji Programu Ochrony Badań nad Człowiekiem, 14 wskaźników wydajności HRPP Incorporated. Każde Stowarzyszenie na rzecz Akredytacji Programu Ochrony Badań nad Człowiekiem (Association for Accreditation of Human Research Protection Program), Incorporated's HRPP performance metric posiada szereg podmetryk. Niewielkie, jeśli w ogóle, nakładają się na siebie wskaźniki wydajności VA HRPP i Association for Accreditation of Human Research Protection Program, Incorporated's performance metrics. Ogólnie rzecz biorąc, Stowarzyszenie na rzecz Akredytacji Programu Ochrony Badań nad Człowiekiem (Association for Accreditation of Human Research Protection Program Incorporated) zebrało dane od 183 organizacji akredytowanych przez organizację, począwszy od rodzajów badań i zgodności z przepisami i wytycznymi, a skończywszy na zasobach finansowych i kadrowych oraz terminach przeglądu IRB. [17]

Tabela 1. VA HRPP QI i AAHRPP HRPP wskaźniki wydajności HRPP.

VA HRPP QIsAAHRPP Wskaźniki	wydajności HRPP HRPP
1. Status akredytacji HRPP1	. Ogólny opis badań prowadzonych lub nadzorowanych przez organizacje.
2. Wstępne zatwierdzenie przez IRB i R&DC protokołów badań naukowych z udziałem ludzi2.	Wybrane rodzaje badań prowadzonych lub nadzorowanych przez organizacje
3. Wymóg świadomej zgody3	. Sponsorzy i regulatorzy badań naukowych
4. Wymóg autoryzacji HIPAAA4	. Nadzór regulacyjny nad badaniami naukowymi
5. Przyczynowe zawieszenie badań nad ludźmi5	. Poleganie na IRB
6. Poważne zdarzenia niepożądane związane z badaniami6	. Wynagrodzenia dla członków IRB
7. Wymóg dalszego przeglądu7	. Cechy charakterystyczne IRB
8. Audyty protokołu wewnętrznego8	. Czasy przeglądu IRB
9. Przedmiot rejestracji zgodnie z kryteriami włączenia i wyłączenia9	. Niezatwierdzenie badań naukowych
10. Zakres praktyki i przywileje10	. Wykorzystanie technologii
11. Badania z udziałem słabszych grup społecznych11	. Zasoby na potrzeby IRB
12. Międzynarodowe protokoły badań12	. Audyty HRPP prowadzone przez organizacje
13. Śledczy, na których FDA nałożyła sankcje z powodu poważnego nieprzestrzegania przepisów13	. Odstępstwa od protokołu i skargi zgłaszane do IRB
14. Wymagania dotyczące kształcenia lub szkolenia pracowników naukowych w ramach programu "Edukacja i szkolenie"14	. Niezgodność zgłoszona IRB
15. Krzesła IRB i R&DC oraz członkowie HRPP wymagania dotyczące kształcenia lub szkolenia.	
16. Kształcenie przedmiotowe	

AAHRPP: Stowarzyszenie na rzecz Akredytacji Programu Ochrony Badań nad Człowiekiem; FDA: Food and Drug Administration; HIPAAA: Health Insurance Portability and Accountability Act; HRPP: program ochrony badań naukowych; IRB: instytucjonalna rada ds. przeglądu; QI: wskaźnik jakości; R&DC: Komitet Badań i Rozwoju; VA: Departament Spraw Weteranów.

Wykorzystanie QI do oceny programów kadrowych

Włączenie QI do programu zapewnienia jakości VA HRPP obejmowało szereg procesów. Obejmowały one opracowanie narzędzi audytowych opartych na elementach QI19, przeszkolenie urzędników ds. zgodności z przepisami VA w zakresie wykorzystania narzędzi audytowych do przeprowadzania corocznych audytów wszystkich dokumentów świadomej zgody, jak również trzyletnich audytów regulacyjnych protokołów badań człowieka w ciągu całego roku[20], coroczne gromadzenie danych QI za pośrednictwem skomputeryzowanego internetowego systemu danych, analizowanie danych QI oraz dostarczanie informacji zwrotnych do obiektów w celu poprawy jakości. [12-16]

Zebrane dane QI obejmują w sumie 25 wskaźników wydajności oceniających zgodność z dokumentem świadomej zgody i ustawą o przenośności i odpowiedzialności w ubezpieczeniach zdrowotnych (HIPAA), zgodność z wymogami dotyczącymi wstępnego zatwierdzenia protokołów badań człowieka przez IRB i R&DC, zgodność z wybranymi wymogami dotyczącymi świadomej zgody, zawieszenia lub zakończenia protokołów badań człowieka z przyczynami, poważnych zdarzeń niepożądanych związanych z badaniami naukowymi, zgodność z wymogami ciągłego przeglądu, rejestrację uczestników zgodnie z kryteriami włączenia i wyłączenia, zakresy praktyki personelu badawczego, szkolenia w zakresie ochrony badań człowieka przez badaczy, badania międzynarodowe i badania z udziałem populacji szczególnie narażonych. [12-16]

Ponieważ w literaturze nie ma dostępnych danych dotyczących QI HRPP innych niż VA, nie jest możliwe porównanie jakości VA HRPP z jakością VA instytucji innych niż VA. Jednak te dane VA HRPP QI dają możliwość udzielenia odpowiedzi na szereg ważnych pytań. Wykorzystaliśmy dane metryczne dotyczące wydajności 25 VA do przeprowadzenia analiz w dużej mierze opisowych w celu oceny trzech kwestii: (1) wpływ rodzaju zastosowanego IRB, (2) wpływ wielkości programów badań nad ludźmi oraz (3) tendencje w danych QI w czasie w celu oceny poprawy jakości.

Wyniki

Skutki rodzaju zastosowanych IRB

W latach 2010-2012 było 107 obiektów VA, a w 2013 r. 108 obiektów VA prowadzących badania na ludziach. Większość placówek VA jest powiązana z krajowymi szkołami medycznymi. Ta przynależność akademicka ułatwiła opiekę nad pacjentem, edukację i misje badawcze VA, jak również powiązanych szkół medycznych. Polityka VA zakłada, że placówki VA mogą zakładać własne IRB lub korzystać z usług powiązanych z nimi uniwersyteckich IRB jako swoich rekordowych IRB. [5,18] Ponieważ VA nakłada dodatkowe wymagania poza federalnymi przepisami regulującymi badania na ludziach, pojawiło się pytanie, czy obiekty wykorzystujące własne IRB VA oraz obiekty wykorzystujące stowarzyszone uniwersyteckie IRB działają inaczej.

W oparciu o dane VA HRPP QI z 2011 r. 52 obiekty korzystały z własnych IRB VA, natomiast 36 obiektów korzystało z powiązanych IRB. W oparciu o liczbę aktywnych ludzkich protokołów badawczych, obiekty wykorzystujące własne IRB VA oraz obiekty wykorzystujące stowarzyszone IRB miały porównywalne rozmiary ludzkich programów badawczych, to znaczy 180 $\pm$ 140 ($\pm$ odchylenie standardowe) aktywnych ludzkich protokołów badawczych dla obiektów wykorzystujących własne IRB VA w porównaniu z 188 $\pm$194 aktywnymi ludzkimi protokołami badawczymi dla obiektów wykorzystujących stowarzyszone IRB (p = 0,8). Było jeszcze 19 innych obiektów z małymi programami badawczymi dla ludzi (średnio 14 protokołów), które korzystały z VA IRB innego ośrodka. [13]

Tabela 2 przedstawia porównanie danych HRPP QI pomiędzy obiektami korzystającymi z własnych IRB VA a obiektami korzystającymi z powiązanych uniwersyteckich IRB. Chociaż kilka różnic jest statystycznie istotnych, różnice bezwzględne są niewielkie (0,2%-2,7%) we wszystkich przypadkach, co sugeruje, że nie miały one znaczenia praktycznego. [13] Dane te wspierają politykę VA, zgodnie z którą placówki mogą wykorzystywać własne IRB VA lub powiązane z nimi uniwersyteckie IRB jako swoje IRB zapisu.

Tabela 2. Wpływ rodzaju zastosowanych IRB na jakość programu ochrony człowieka VA. [a]

Metryka wydajności	VA IRB	Podmiot powiązany IRB	p valueb
Łączna liczba skontrolowanych ICD	59,045	40,778	
1. Niewłaściwie używane ICD	963 (1.63%)	508 (1.25%)	0.0000
2. Nie podpisane i opatrzone datą przez osoby, których to dotyczy.	120 (0.20%)	157 (0.39%)	0.0000
Całkowita wymagana liczba wymaganych zezwoleń HIPAAA	56,960	38,187	
3. Liczba wymaganych zezwoleń HIPAAA, które nie zostały uzyskane.	432 (0.76%)	951 (2.49%)	0.0000
Całkowita liczba skontrolowanych protokołów badań na ludziach	1991	1503	
4. Przeprowadzono i zakończono bez zatwierdzenia przez IRB.	0 (0.00%)	2 (0.13%)	0.3608
5. Przeprowadzono i zakończono bez zatwierdzenia R&DC.	1 (0.05%)	4 (0.27%)	0.2226
6. Zainicjowany przed zatwierdzeniem przez IRB.	2 (0.10%)	0 (0.00%)	0.6067
7. Zainicjowany przed zatwierdzeniem przez R&DC.	2 (0.10%)	6 (0.40%)	0.1411
8. Zawieszone protokoły	34 (1.71%)	9 (0.60%)	0.0053
9. Ze względu na troskę o ludzi.	10 (0.50%)	6 (0.40%)	0.8464
10. W związku z obawami dotyczącymi pracowników dochodzeniowych	24 (1.21%)	3 (0.20%)	0.0015
11. Lokalne zdarzenia niepożądane uznane za poważne, nieoczekiwane i związane z badaniami naukowymi	35	7	0.0005
12. Wynikiem tego jest hospitalizacja.	9	1	0.0731
13. Wywołało to śmierć.	0	0	1.0000
Liczba międzynarodowych protokołów badawczych	2	0	
14. Bez zatwierdzenia CRADO	0 (0.00%)	0	1.0000
Liczba protokołów dotyczących dzieci	2	3	
15. Bez zatwierdzenia CRADO	1 (50%)	2 (67%)	0.7094
Łączna liczba protokołów dotyczących ludzi wymagających ciągłych przeglądów	1659	1234	
16. Utrata ważności w ramach ciągłego przeglądu IRB.	135 (8.14%)	68 (5.51%)	0.0078
17. Kontynuacja działalności badawczej w okresie przejściowym	6 (0.36%)	0 (0.00%)	0.0888
Łączna liczba przeanalizowanych historii spraw	13,642	9272	
18. Brak dokumentacji potwierdzającej uprzednie uzyskanie świadomej zgody. do wszczęcia procedury badawczej	38 (0.28%)	1 (0.01%)	0.0000
19. Brak dokumentacji potwierdzającej spełnienie kryteriów włączenia.	191 (1.40%)	35 (0.38%)	0.0000
20. Brak dokumentacji potwierdzającej spełnienie kryteriów wykluczenia.	151 (1.11%)	16 (0.17%)	0.0000
Łączna liczba personelu badawczego poddanego przeglądowi	7978	4172	
21. Bez zakresu badań naukowych w praktyce	201 (2.52%)	91 (2.18%)	0.2742
22. Praca poza zakresem praktyki	7 (0.09%)	2 (0.05%)	0.6784
23. Wymagane szkolenie nie jest aktualne.	302 (3.79%)	139 (3.33%)	0.2230
24. Bez szkolenia wstępnego	51 (0.64%)	41 (0.98%)	0.0496
25. Lapse w szkoleniu ustawicznym	251 (3.15%)	98 (2.35%)	0.0147

CRADO: dyrektor ds. badań i rozwoju; HIPAAA: Ustawa o przenośności i odpowiedzialności w ubezpieczeniach zdrowotnych; ICD: dokument świadomej zgody; IRB: instytucjonalna rada ds. przeglądu; R&DC; Komitet Badań i Rozwoju; VA: Departament Spraw Weteranów.

aBazując na danych wskaźnika jakości programu ochrony ludności VA 2011.

bDeterminowany testem kwadratowym. Wartość p (VA IRB vs affiliate IRB) w wysokości 0,05 została uznana za statystycznie istotną.

Efekt wielkości programów badawczych człowieka

Pojawiły się obawy, że obiekty z małymi programami badawczymi mogą nie dysponować wystarczającymi zasobami, aby wesprzeć energiczny program rozwoju zasobów ludzkich (HRPP). W rezultacie placówki z małymi programami badawczymi mogą działać inaczej niż ośrodki z dużymi i średnimi programami badawczymi.

Na podstawie naszych danych, 38 obiektów miało mały program badawczy dla ludzi, zdefiniowany jako posiadający < 50 aktywnych ludzkich protokołów badawczych; 39 obiektów miało średni ludzki program badawczy z 50-200 protokołami badawczymi; a 30 obiektów miało duży ludzki program badawczy z > 200 protokołami badawczymi. [14]

Tabela 3 przedstawia porównanie danych HRPP QI wśród obiektów z małymi, średnimi i dużymi programami badawczymi. Dwa z 25 wskaźników wydajności zostały wyłączone z tych porównań ze względu na bardzo małą liczbę protokołów. Mimo że trendy nie są spójne we wszystkich wskaźnikach, wydaje się, że obiekty z dużymi programami badawczymi nie były takie same jak obiekty z małymi lub średnimi programami badawczymi. [14]

Tabela 3. Wpływ wielkości programów badawczych na jakość programu ochrony badań człowieka VA.

Metryka wydajności	Mały program (\50 protokołów)	Program średni (protokoły 50-200)	Duży program (- 200 protokołów)	p valueb
Łączna liczba skontrolowanych ICD	2576	25,249	73,007	
1. Niewłaściwie używane ICD	19 (0.74%)	360 (1.43%)	1099 (1.51%)	0.0061
2. Nie podpisane i opatrzone datą przez osoby, których to dotyczy.	13 (0.50%)	50 (0.20%)	221 (0.30%)	0.0025
Całkowita wymagana liczba wymaganych zezwoleń HIPAAA	2234	24,666	69,016	
3. Liczba wymaganych zezwoleń HIPAAA. nie uzyskane	22 (0.98%)	277 (1.12%)	1084 (1.57%)	0.0000
Łączna liczba protokołów z badań na ludziach skontrolowany	189	1337	2032	
4. Przeprowadzono i zakończono bez IRB.	0 (0.00%)	0 (0.00%)	2 (0.10%)	0.4717
5. Przeprowadzone i ukończone bez R&DC 0 (0 homologacja	,00%) I (0	,07%) 4 (0	,20%)	
6. Zainicjowany przed zatwierdzeniem przez IRB.	0 (0.00%)	1 (0.07%)	2 (0.10%)	0.4717
7. Zainicjowany przed zatwierdzeniem przez R&DC.	0 (0.00%)	1 (0.07%)	7 (0.34%)	0.2161
8. Protokoły zawieszone lub wypowiedziane	6 (3.17%)	13 (0.97%)	28 (1.38%)	0.0433
9. Ze względu na troskę o ludzi.	2 (1.06%)	5 (0.37%)	9 (0.44%)	0.4197
10. W związku z obawami dotyczącymi pracowników dochodzeniowych	4 (2.12%)	8 (0.60%)	19 (0.94%)	0.0982
11. Lokalne zdarzenia niepożądane, co do których ustalono, że są to poważne, nieoczekiwane i związane z zbieranie informacji	3	12	28	0.4018
12. Wynikiem tego jest hospitalizacja.	1	1	10	0.1110
13. Wywołało to śmierć.	0	0	0	1.0000
Całkowita liczba protokołów badawczych wymagających Przeglądy ciągłe IRB	157	1178	1607	
14. Utrata ważności w ramach ciągłego przeglądu IRB.	5 (3.18%)	65 (5.52%)	138 (8.59%)	0.0010
15. Kontynuacja działalności badawczej w okresie przejściowym	0 (0.00%)	5 (0.42%)	1 (0.06%)	0.0944
Łączna liczba przeanalizowanych historii spraw	1705	1337	2032	
16. Brak dokumentacji potwierdzającej świadomą zgodę została uzyskana przed rozpoczęciem badań. zabiegi	0 (0.00%)	26 (0.26%)	13 (0.11%)	0.0000
17. Brak dokumentacji, że kryteria włączenia został spełniony	22 (1.29%)	75 (0.75%)	129 (1.08%)	0.0000
18. Brak dokumentacji, że kryteria wykluczenia został spełniony	23 (1.35%)	65 (0.65%)	79 (0.66%)	0.0000
Łączna liczba zapisów dotyczących personelu badawczego zweryfikowany	550	4691	7087	
19. Bez zakresu badań naukowych w	15 (2.75%)	72 (1.53%)	207 (2.92%)	0.0000

praktyce				
20. Praca poza zakresem praktyki	0 (0.00%)	3 (0.06%)	6 (0.08%)	0.7458
21. Wymagane szkolenie nie jest aktualne.	12 (2.18%)	95 (2.03%)	335 (4.73%)	0.0000
22. Bez szkolenia wstępnego	1 (0.18%)	45 (0.96%)	46 (0.65%)	0.0463
23. Lapse w szkoleniu ustawicznym	11 (2.00%)	50 (1.07%)	289 (4.08%)	0.0000

HIPAAA: Ustawa o przenośności i odpowiedzialności w ubezpieczeniach zdrowotnych; ICD: dokument świadomej zgody; IRB: instytucjonalna rada ds. przeglądu; R&DC: Komitet Badań i Rozwoju; VA: Departament Spraw Weteranów.

aBazując na danych wskaźnika jakości programu ochrony ludności VA 2011.

bD określony w teście kwadratowym z wykorzystaniem 2 x 3 tabel awaryjnych. Wartość p (mała vs średnia vs duża) < 0,05 została uznana za statystycznie istotną.

Tendencje w zakresie danych QI w czasie

Podstawowym celem gromadzenia danych QI jest promowanie poprawy jakości. Każdego roku ośrodki badawcze VA otrzymują własne dane QI wraz ze średnią krajową i sieciową, tak aby każdy ośrodek wiedział, na jakim etapie znajduje się na poziomie krajowym i sieciowym (ośrodki VA są geograficznie pogrupowane w 21 zintegrowanych sieci usług dla weteranów). W ten sposób zakłady mogą zidentyfikować swoje mocne i słabe strony i odpowiednio przeprowadzić działania na rzecz poprawy jakości.

Na poziomie krajowym, dane HRPP QI są również analizowane w celu określenia, czy na przestrzeni lat nastąpiła jakakolwiek poprawa. W oparciu o dane QI za lata 2010-2012, z 25 wskaźników efektywności VA, 18 miało wszystkie dane za 3 lata dostępne do analizy, podczas gdy 7 wskaźników efektywności brakowało danych za rok 2010. Jak pokazano w Tabeli 4, dla wielu wskaźników wydajności w 2010 roku zaobserwowano wskaźniki QI na poziomie poniżej 1%. W związku z tym, przy tak wysokim wskaźniku wydajności, dalsza poprawa była trudna do osiągnięcia w kolejnych latach. Spośród dziewięciu wskaźników wydajności, które wykazały statystycznie istotne różnice, wszystkie wykazały poprawę w zakresie od 25% do 92%; żaden z nich nie wykazał pogorszenia. [15]

Jednym z QI, który wymaga poprawy, jest błąd w ciągłym przeglądzie IRB. Jak pokazano na wykresie 1, wskaźniki wypadkowości w przeglądzie IRB w ośrodkach badawczych VA utrzymują się na względnie stałym poziomie powyżej 6,0% w okresie 4 lat od 2010 do 2013 roku. W przeciwieństwie do tego, wskaźniki wypadania zakresów praktyk i wymogów szkoleniowych personelu badawczego, które w 2010 r. charakteryzowały się podobnymi wysokimi wskaźnikami, uległy wyraźnej poprawie w okresie od 2011 r. do 2013 r.[16] Analiza danych IRB z ciągłego przeglądu QI wykazała, że stosowane rodzaje IRB, to znaczy VA IRB lub powiązany uniwersytet IRB, lub rozmiary programów badań ludzkich nie miały związku z wskaźnikami wypadania ciągłego przeglądu IRB w ośrodku. Podczas gdy około 60% obiektów z protokołami wymagającymi kontynuowania przeglądów IRB nie straciło ciągłości przeglądów IRB, około 20% obiektów straciło ważność na poziomie > 10% rocznie. Dziesięć obiektów straciło ważność na poziomie > 10 % w ciągu co najmniej 3 z 4 lat od 2010 r. do 2013 r., co sugeruje problem systemowy wymagający działań naprawczych w celu usprawnienia procesów ciągłego przeglądu IRB. [16]

Tabela 4. 2010-2012 Dane wskaźnika jakości programu ochrony badań nad człowiekiem VA 2010-2012.

Metryka wydajności	2010	2011	2012	p value[b]
Łączna liczba skontrolowanych ICD	89,216	100,832	99,013	
1. Niewłaściwie używane ICD	2143 (2.40%)	1478 (1.46%)	1806 (1.82%)	0.000
2. ICD nie są podpisane i opatrzone datą przez uczestników.	197 (0.22%)	284 (0.28%)	201 (0.20%)	0.732
Całkowita liczba skontrolowanych protokołów badań na ludziach	2102	3558	4249	
3. Przeprowadzono i zakończono bez zatwierdzenia przez IRB.	1 (0.05%)	2 (0.06%)	1 (0.02%)	0.545
4. Przeprowadzono i zakończono bez zatwierdzenia R&DC.	3 (0.14%)	5 (0.14%)	9 (0.21%)	0.443
5. Zainicjowany przed zatwierdzeniem przez IRB.	2 (0.10%)	2 (0.06%)	4 (0.09%)	0.856
6. Zainicjowany przed zatwierdzeniem przez R&DC.	9 (0.43%)	8 (0.22%)	16 (0.38%)	0.918
7. Liczba zawieszonych protokołów	83 (2.79%)	47 (1.32%)	63 (1.48%)	0.000
8. Ze względu na troskę o ludzi.	25 (0.84%)	16 (0.45%)	31 (0.73%)	0.794
9. W związku z obawami dotyczącymi pracowników dochodzeniowych	40 (1.34%)	31 (0.87%)	32 (0.75%)	0.015
Liczba międzynarodowych protokołów badawczych	4	2	8	
10. Bez zatwierdzenia CRADO	2 (50%)	0 (0%)	2 (25%)	0.623
Łączna liczba protokołów z badań na ludziach wymaganie ciągłych przeglądów IRB	1606	2942	3411	
11. Utrata ważności w ramach ciągłego przeglądu IRB.	97 (6.04%)	208 (7.07%)	209 (6.13%)	0.732
12. Kontynuacja działalności badawczej w okresie przejściowym	2 (0.12%)	6 (0.20%)	4 (0.12%)	0.717
Łączna liczba przeanalizowanych historii spraw	11,387	23,657	26,291	
13. Świadoma zgoda nie uzyskana przed rozpoczęciem badania	249 (2.19%)	39 (0.16%)	91 (0.35%)	0.000
Łączna liczba personelu badawczego poddanego przeglądowi	6787	12,328	16,598	
14. Bez zakresu badań naukowych w praktyce	519 (7.65%)	294 (2.38%)	92 (0.55%)	0.000
15. Praca poza zakresem badań naukowych w praktyce	0 (0.15%)	9 (0.07%)	7 (0.04%)	0.012
16. Wymagane szkolenie nie jest aktualne.	398 (5.86%)	442 (3.59%)	393 (2.37%)	0.000
17. Bez szkolenia wstępnego	103 (1.52%)	92 (0.75%)	73 (0.44%)	0.000
18. Lapse w szkoleniu ustawicznym	303 (4.46%)	350 (2.84%)	320 (1.93%)	0.000

CRADO: dyrektor ds. badań i rozwoju; ICD: dokument świadomej zgody; IRB: instytucjonalna rada ds. przeglądu; R&DC: Komitet Badań i Rozwoju; VA: Departament Spraw Weteranów.

[a]Bazując na danych wskaźnika jakości programu ochrony badań nad człowiekiem w latach 2010-2012 VA. Do analizy włączono tylko te z wszystkimi dostępnymi danymi z okresu 3 lat.

[b]Determinated by Mantel-Haenszel chi-square test for trend. Wartość $p < 0,05$ została uznana za statystycznie istotną.

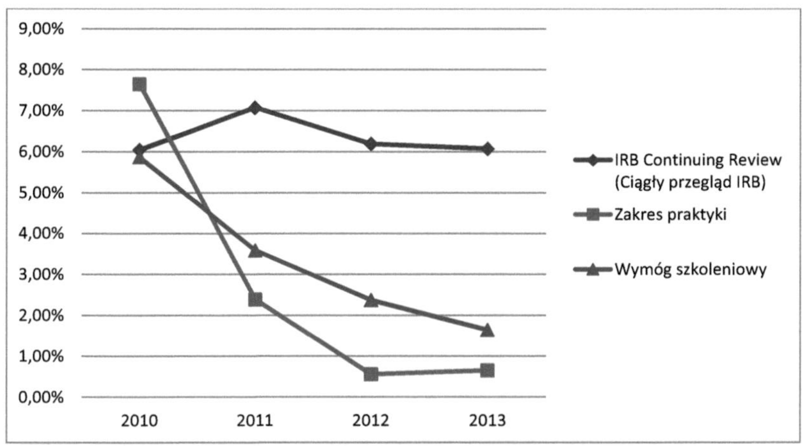

Rysunek 1. Porównanie wskaźników wypadkowości w odniesieniu do ciągłych przeglądów IRB, zakresów praktyki personelu badawczego i wymogów szkoleniowych w latach 2010-2013.
Źródło Reprodukowane z Tsan i Nguyen16 za zgodą autorów i wydawcy.
IRB: instytucjonalna rada ds. przeglądu.

Dyskusja

Ustanowienie HRPP to obecny system, w którym praktycznie wszystkie instytucje w Stanach Zjednoczonych, prowadzące badania z udziałem ludzi, wykorzystują je w celu ochrony praw i dobrobytu uczestników badań oraz spełnienia wymogów etycznych i regulacyjnych. Oczywiście istnieje potrzeba zmierzenia i oceny jakości HRPP, tak aby można było dokonywać ciągłej poprawy jakości w celu zmaksymalizowania ochrony tych, którzy przyczyniają się do rozwoju medycyny poprzez dobrowolne uczestnictwo w badaniach klinicznych jako uczestnicy eksperymentów. Doświadczenia VA z ostatnich kilku lat, podsumowane w niniejszym przeglądzie, pokazują nie tylko wykonalność systematycznej oceny jakości HRPP, ale również korzyści płynące z takiego monitoringu w zakresie poprawy jakości HRPP.

Poprzez opracowanie i wdrożenie VA HRPP QI, coroczna ocena jakości VA HRPPs staje się ciągłym procesem poprawy jakości. Oprócz zidentyfikowania obszarów wymagających poprawy, pomogła VA odpowiedzieć na ważne pytania polityczne, w tym na pytanie, czy rodzaje IRB, czyli VA IRB lub affiliate university IRB, oraz rozmiar programów badań nad ludźmi mają jakikolwiek wpływ na jakość VA HRPP. [13,14] Zapewniło ono również zakładom VA cenne dane na potrzeby poprawy jakości. W rzeczywistości analiza danych VA HRPP QI wykazała, że wiele z tych wskaźników poprawiło się w kolejnych latach i żaden z nich nie uległ pogorszeniu. [15]

Żywności i Leków (Food and Drug Administration) stwierdziła, że ustanie w IRB ciągłych przeglądów jako jedno z najczęstszych niedociągnięć. [21] W sprawozdaniu Biura Odpowiedzialności Rządu z 1996 r. stwierdzono również, że ciągłe przeglądy IRB były zazwyczaj powierzchowne lub w ogóle nie były przeprowadzane i spekulowano, że podstawową przyczyną tego niedociągnięcia było to, że wiele IRB było przepracowanych i niedostatecznie wspieranych przez swoje instytucje. [22] Obecnie prawie 20 lat później, pomimo silniejszego nadzoru federalnego nad badaniami, zwiększonego wsparcia instytucjonalnego dla organów IRB oraz lepszego szkolenia dla badaczy i członków organów [IRB10], uchybienia w zakresie ciągłych przeglądów IRB pozostają najwyższym niezgodnym QI w VA. Wydawało się to oporne na wysiłki na rzecz poprawy jakości, ponieważ wskaźnik ciągłości przeglądów IRB pozostawał stosunkowo stały i wynosił ponad 6,0 % w okresie 4 lat od 2010 r. do 2013 r.[16] W przypadku ciągłych przeglądów IRB może być konieczne zastosowanie innowacyjnych podejść w celu poprawy wyników.

Istnieje jednak szereg ograniczeń w naszej pracy. Po pierwsze, nasze badanie było przede wszystkim prostym badaniem opisowym mającym na celu ustalenie aktualnego statusu VA HRPPs. Nie miało to na celu ustalenie, dlaczego niektóre zakłady nie radzą sobie tak dobrze jak inne lub dlaczego poszczególne wskaźniki wydajności, takie jak wskaźniki IRB w dalszym przeglądzie, nie radzą sobie tak dobrze jak inne. W rezultacie nie byliśmy w stanie rekomendować najlepszych praktyk zakładom w celu poprawy jakości. Po drugie, nasze analizy danych QI były w dużej mierze opisowe, bez rygorystycznych analiz inwazyjnych w celu kontroli potencjalnych czynników zakłócających. Wreszcie, istnieją potencjalne ograniczenia wynikające z niedoszacowania nieprzestrzegania przepisów. Jest to jednak mało prawdopodobne, ponieważ dane zostały zebrane w wyniku niezależnych audytów dokumentów świadomej zgody przeprowadzonych przez urzędników ds. zgodności z prawem oraz audytów protokołów regulacyjnych. W VA urzędnicy ds. zgodności z przepisami dotyczącymi badań podlegają bezpośrednio urzędnikom instytucjonalnym i działają niezależnie od służby badawczej. [20] Możliwe jest również, że niektóre obiekty były systematycznie "grywalne", aby ich programy wyglądały lepiej. Na przykład, niektóre IRB mogą stać się mniej skłonne do zawieszenia protokołu, w którym powinien był zostać zawieszony. Chociaż nie można całkowicie wykluczyć powyższych możliwości, uważamy, że są one mało prawdopodobne. Po pierwsze, nie wszystkie QI zostały poprawione. W szczególności, wypadnięcie w przeglądach IRB utrzymało się na wysokim poziomie i nie uległo zmianie w latach 2010-2013. Ponadto VA przeprowadza rutynowe przeglądy na miejscu wszystkich aplikacji HRPP w obiekcie i niezależnie zweryfikował ulepszenia zaobserwowane w tych danych QI. [15]

Należy odpowiedzieć na dwa podstawowe pytania. Jakie są najbardziej optymalne QI HRPP? Czy wysokiej jakości HRPP mierzone przy użyciu tych QI rzeczywiście zapewniają lepszą ochronę osób. VA HRPP QI obejmują szereg wymogów specyficznych dla VA, które nie mają zastosowania do programów kadrowych instytucji innych niż VA. Najlepiej byłoby, gdyby opracowano zestaw jednolitych IZJ HRPP, które mają zastosowanie zarówno do instytucji VA, jak i innych niż VA, i odzwierciedlają rzeczywistą jakość zasobów ludzkich. Takie QI HRPP pozwoliłyby na porównanie danych HRPP QI pomiędzy różnymi instytucjami. Podobnie, w celu ustalenia, czy wysokiej jakości HRPP zapewniają lepszą ochronę osób, należy ustalić parametry oceny ochrony osób. Obecnie takie parametry nie są dostępne. Zgodność z przepisami federalnymi i zasadami etycznymi regulującymi ochronę osób poddanych badaniom nie gwarantuje bezpieczeństwa osób biorących udział w badaniach. Przyszłe wysiłki powinny być skierowane na te dwa obszary.

Podziękowania

Autorzy dziękują J. Thomasowi Puglisi, doktorowi, dyrektorowi wykonawczemu, Biuru Nadzoru Naukowego, Departamentowi Spraw Weteranów, za krytyczną ocenę manuskryptu.

Deklaracja sprzecznych interesów

Poglądy przedstawione w niniejszym przeglądzie są poglądami autorów i niekoniecznie reprezentują poglądy Departamentu Spraw Weteranów.

Finansowanie

Badania te nie otrzymały żadnej szczególnej dotacji od jakiejkolwiek agencji finansującej w sektorze publicznym, komercyjnym lub niekomercyjnym.

Odniesienia

1. Departament Zdrowia i Usług Społecznych. *Federalna polityka ochrony osób żyjących w ludziach*. 45 Code of Federal Regulations (CFR) 46, 1991.
2. Krajowa Komisja ds. Ochrony Podmiotów Ludzkich w zakresie badań biomedycznych i behawioralnych. *Raport Belmonta: zasady etyczne i wytyczne dotyczące ochrony przedmiotów badań człowieka*. Waszyngton, DC: Drukarnia Rządowa, 1979.
3. Instytut Medycyny. *Zachowanie zaufania publicznego: akredytacja i programy ochrony uczestników badań ludzkich*. Waszyngton, DC: National Academic Press, 2001.
4. Anderson JA, Sawatzky-Girling B, McDonald M, et al. Etyka badawcza w szerokim zakresie pisze: poza przeglądem REB. *Przegląd prawa zdrowotnego* 2011; 19: 12-24.
5. Departament Spraw Weteranów. *Wymagania w zakresie ochrony uczestników badań naukowych*. VHA Handbook 1200.05, http://www1.va.gov/vhapublications/ (2012, dostęp 1 maja 2014).
6. Kizer KW. *Oświadczenie w sprawie nadzoru w Administracji Zdrowia Kombatantów przed Podkomisją ds. Kombatantów*. Waszyngton, DC: Izba Reprezentantów USA, 1999.
7. Steinbrook R. Ochrona obiektów badawczych - kryzys w Johns Hopkins. *N Engl J Med* 2002; 346: 716–720.

8. Kranish M. System do ochrony ludzi w badaniach, które zostały zawinione. *Boston Globe*, 25 marca 2002 r., s. A1.
9. Shalala D. Ochrona obiektów badawczych - co należy zrobić. *N Engl J Med* 2000; 343: 808–810.
10. Steinbrook R. Poprawa ochrony obiektów badawczych. *N Engl J Med* 2002; 346: 1425–1430.
11. Tsan MF, Smith K i Gao B. Ocena jakości programów ochrony badań człowieka: doświadczenie w Departamencie Spraw Weteranów. *IRB* 2010; 32: 16-19.
12. Tsan MF, Nguyen Y i Brooks R. Wykorzystywanie wskaźników jakości do oceny programów ochrony badań człowieka w Departamencie Spraw Weteranów. *IRB* 2013; 35: 10-14.
13. Tsan MF, Nguyen Y i Brooks R. Ocena jakości programów ochrony badań nad ludźmi VA: VA vs. stowarzyszona instytucjonalna rada rewizyjna uniwersytetu. *J Empir Res Hum Res Ethics* 2013; 8: 153-160.
14. Nguyen Y, Brooks R i Tsan MF. Programy ochrony badań człowieka w Departamencie Spraw Weteranów: wskaźniki jakości i wielkość programu. *IRB* 2014; 36: 16-19.
15. Tsan MF, Nguyen Y i Brooks R. Wykorzystanie wskaźników jakości do oceny i poprawy programów ochrony badań nad ludźmi: doświadczenie Departamentu Spraw Weteranów. *Fed Prac*, w prasie.
16. Tsan MF i Nguyen Y. Lapse w instytucjonalnej radzie ds.

przeglądu w dalszym ciągu zatwierdza przegląd. *IRB*, w prasie.

17. Stowarzyszenie na rzecz Akredytacji Programów Ochrony Badań Ludzkich. 2012 metryki dotyczące wyników HRPP dla instytucji akademickich, https://www.aahrpp.org/apply/ resources/metrics-on-hrpp performance (2013 r., dostęp 1 maja 2014 r.).

18. Departament Spraw Weteranów. *Komitet Badań i Rozwoju*. VHA Handbook 1200.01, http:// www1.va.gov/vhapublications/ (2009, dostęp 1 maja 2014).

19. Research Compliance Officer Audit Tools, Office of Research Oversight, Department of Veterans Affairs, http://www.va.gov/ORO/Research_Compliance_Education .asp (2013 r., dostęp 1 maja 2014 r.).

20. Departament Spraw Weteranów. *Wymogi dotyczące sprawozdawczości w zakresie zgodności badań naukowych*. VHA Handbook 1058.01, http:// www1.va.gov/vhapublications/ (2010, dostęp 1 maja 2014).

21. Nightingale SL. Aktualizacja z FDA. *Przemówienie plenarne na konferencji PRIM&R IRB, Boston*, MA, 20 października 1995 r.

22. Biuro Odpowiedzialności Rządu. *Badania naukowe - ciągła czujność mająca zasadnicze znaczenie dla ochrony ludzi*. GAO/HEHS-96-72, 1996.

Rozdział 9

Poprawa wskaźników wypadania w przeglądach bieżących IRB: Doświadczenie Departamentu Spraw Weteranów[8]

poprzez

Yen Nguyen, Michael Grabenbauer i Min-Fu Tsan.

Jedną z ważnych funkcji instytucjonalnych rad ds. przeglądów (IRB) jest prowadzenie ciągłych przeglądów zatwierdzonych badań na ludziach przynajmniej raz w roku, zgodnie z wymogami Wspólnej Reguły. [1] Poprzez takie przeglądy, IRB zapewniają stały nadzór nad badaniami w celu zapewnienia, że są one prowadzone zgodnie z zatwierdzonym protokołem, że zgłaszane są zdarzenia niepożądane oraz że ludzie są chronieni. Inwestorzy muszą zaprzestać wszelkich działań badawczych, gdy zatwierdzenie IRB w ramach przeglądu nie nastąpi przed upływem terminu ważności istniejącego zatwierdzenia IRB, przy czym jedynym wyjątkiem jest sytuacja, w której IRB stwierdzi, że dalsze uczestnictwo w badaniach leży w najlepszym interesie uczestników. [2] Śledczy i organy ds. restrukturyzacji i

---

[8] Nguyen Y, Grabenbauer M, Tsan MF. Poprawa wskaźników zaległości w instytucjonalnej radzie ds. przeglądu, która kontynuuje przeglądy: Doświadczenie Departamentu Spraw Weteranów. *IRB: Ethics and Human Research*, 38(4): 17-20, 2016. Copyright © 2016 Centrum Hastings. Przedrukowany za zgodą Centrum Hastings i współautorów.

uporządkowanej likwidacji dzielą się zatem odpowiedzialnością za terminowe zakończenie procesu ciągłego przeglądu. Jednakże, pomimo znaczenia ciągłego przeglądu IRB, niewiele wiadomo o czynnikach, które mogą przyczynić się do jego ustania lub o tym, jak zapobiec tym usterkom w danej instytucji lub je ograniczyć.

Jak dwóch z nas (YN i M-F T) pamiętać w 2015 artykule w tym czasopiśmie,[3] niewystarczające lub późno IRB kontynuowanie przeglądów aktywnych protokołów badawczych człowieka był jednym z najczęstszych braków w U.S. Food and Drug Administration zidentyfikowane w 1990s. [4] Zauważono ponadto, że ciągłe przeglądy IRB były zazwyczaj powierzchowne lub w ogóle nie były przeprowadzane, częściowo dlatego, że wiele IRB było przepracowanych i niewystarczająco wspieranych przez swoje instytucje. [5] Ostatnio Norton i Wilson poinformowali, że tylko 87,4% kanadyjskich rad ds. etyki badawczej (REBs) przeprowadziło ciągłą ocenę etyczną zatwierdzonych badań, mimo że kanadyjska deklaracja polityczna Tri-Council Policy Statement on Ethical Conduct for Research Involving Humans stwierdza, że co najmniej REBs powinny dokonywać przeglądu rocznych sprawozdań od badaczy. [6] Spośród 25 wskaźników wydajności, śledzonych przez amerykański Departament Spraw Weteranów (VA) Veterans Health Administration, najwyższy wskaźnik niezgodności w ramach ciągłego przeglądu IRB utrzymał się na stałym poziomie ponad 6% od 2010 r. do 2013 r.[7] Podczas gdy większość (60%) placówek badawczych VA nie miało odstępstw w ramach ciągłego przeglądu IRB, około 20% placówek z protokołami wymagającymi ciągłego przeglądu IRB miało wskaźniki wygaśnięcia przekraczające 10% dla każdego z tych lat. Ponadto szereg placówek wydawało się być powtarzającymi się sprawcami, co sugeruje problemy systemowe. [8]

W bieżącym badaniu przeanalizowaliśmy skuteczność działań zaradczych podjętych przez 10 zakładów, w których IRB w trzech kolejnych latach od 2011 r. do 2013 r. (odpowiednio 7,07%, 6,13% i 6,07%), w celu określenia, które środki zaradcze były najskuteczniejsze w eliminowaniu lub zmniejszaniu takich lapsów.

Gromadzenie i analiza danych

W październiku 2013 r. te 10 obiektów zostało zgłoszonych do indywidualnego i niezależnego opracowania i wdrożenia własnych planów działań naprawczych w celu zapewnienia, że IRB przeprowadzają wymagany przepisami stały przegląd badań naukowych. Dane dotyczące usterek w przeglądach IRB kontynuowanych w 2014 r. zostały zebrane w ramach programu zapewnienia jakości programów ochrony badań nad ludźmi w ramach trzyletnich audytów regulacyjnych wszystkich aktywnych protokołów badań nad ludźmi, przeprowadzanych przez wykwalifikowanych urzędników ds. zgodności badań w każdym ośrodku badawczym w ramach VA. [9] Audyty regulacyjne protokołów ograniczały się do trzyletniej analizy retrospektywnej protokołów i zostały przeprowadzone między 1 czerwca 2013 r. a 31 maja 2014 r. Porównaliśmy wskaźniki przerw w przeglądzie IRB dla tych 10 obiektów przed (tj. dane za 2013 r.) i po (tj. dane za 2014 r.) wdrożeniu planów działań naprawczych. Do porównania dwóch środków użyto testu t-Studenta w celu określenia poziomu istotności. [10] Wartość $p < 0,05$ została uznana za statystycznie istotną. Po zebraniu danych z 2014 r. na temat wygaśnięcia przeglądów IRB, zapytaliśmy te zakłady, jakie plany działań naprawczych zostały przez nie wdrożone i jakie środki naprawcze uważają za najbardziej skuteczne w zapewnieniu, że IRB w ich zakładzie przeprowadza coroczny, ciągły przegląd.

Wyniki badań

Spośród 10 placówek w naszym badaniu, 4 korzystały z powiązanych z uczelnią IRB, 5 korzystało z własnych IRB VA, a 1 wykorzystywało inne IRB VA jako swoje IRB przed wdrożeniem planów działań naprawczych. Trzy z tych obiektów miały duży program badawczy (tj.

ponad 200 aktywnych ludzkich protokołów badawczych), 6 miało średni program (50-200 protokołów), a 1 mały program (mniej niż 50 protokołów). Rodzaje stosowanych IRB i rozmiary programów badawczych w tych 10 obiektach odzwierciedlały ogólny charakter obiektów badawczych VA. [11]

W tabeli 1 podsumowano wskaźniki ciągłości przeglądów tych 10 obiektów przed (tj. dane za 2013 r.) i po (tj. dane za 2014 r.) wdrożeniem planów działań naprawczych. Ponieważ dane za rok 2014 były gromadzone w okresie od 1 czerwca 2013 r. do 31 maja 2014 r., a plany działań naprawczych zostały wdrożone dopiero po październiku 2013 r., dane zgromadzone przed październikiem 2013 r. nie mogły odzwierciedlać skutków planów działań naprawczych. Ponadto, ponieważ audyty protokołów obejmowały trzyletnią analizę retrospektywną, nawet dane zebrane po październiku 2013 r. mogą nie odzwierciedlać w pełni skutków planów działań naprawczych. Jednakże, nawet przy takich ograniczeniach, Tabela 1 pokazuje, że 8 z 10 obiektów odnotowało wyraźną poprawę wskaźników wypadania w przeglądzie IRB; średni wskaźnik wypadania (SD) obiektów od 1 do 8 wynosił 28,5% (13,9%) w 2013 r. w porównaniu z 6,7% (8,6%) w 2014 r., p = 0,0017. Z drugiej strony, dwa pozostałe obiekty nie wykazały żadnej poprawy. W rzeczywistości ich wskaźniki wypadania okazały się gorsze w 2014 roku niż w 2013 roku.

Tabela 2 podsumowuje działania naprawcze podjęte przez te 10 zakładów w celu zapewnienia, że ich IRB przeprowadza coroczny stały przegląd uprzednio zatwierdzonych badań. W ramach tych 10 obiektów wdrożono łącznie dziewięć środków zaradczych. Były one uzupełnieniem istniejących już środków mających na celu zachęcenie do terminowego przeprowadzania dalszych przeglądów IRB. Siedem ośrodków zaczęło powiadamiać badaczy o potrzebie kontynuowania przeglądu IRB co najmniej 60 dni przed datą wygaśnięcia zatwierdzenia IRB, a dokładniej 5 w ciągu 60 dni i 2 w ciągu 90 dni od daty wygaśnięcia zatwierdzenia IRB. Sześć obiektów uruchomiło system lub ulepszyło istniejące systemy w celu śledzenia dat ważności zatwierdzenia IRB, w tym uruchomienie nowego podręcznika (arkusz kalkulacyjny) lub internetowego systemu śledzenia lub zmiany.

Tabela 1. Wpływ planów działań zaradczych na wygaśnięcie w instytucjonalnej radzie ds. przeglądu, kontynuacja odsetka zatwierdzeń w ramach przeglądu instytucjonalnego

Obiekt	Stopa procentowa w 2013 r. (%)	Stawka na 2014 r. (%)
1	14.06	3.41
2	24.14	4.17
3	15.63	8.57
4	18.46	5.88
5	25.00	0.00
6	33.33	0.00
7	50.00	25.00
8	44.74	0.00
9	15.79	47.06
10	48.39	55.56

Tabela 2. Środki podjęte w celu poprawy sytuacji, w której zatwierdzenie w ramach ciągłego przeglądu IRB wygasa.

Środek	Liczba (%)
Powiadamianie osób prowadzących dochodzenie co najmniej 60 dni przed upływem terminu ważności.	7 (70)
Usprawnienie lub rozpoczęcie śledzenia daty wygaśnięcia ważności zatwierdzenia IRB.	6 (60)
Kształcenie pracowników dochodzeniowych w zakresie wymogów dotyczących dalszego przeglądu oraz konsekwencje wygaśnięcia ważności zatwierdzenia IRB	4 (40)
Zapewnienie kontynuowania przez prowadzącego badanie wniosku o dokonanie przeglądu złożonego w terminie umożliwiającym Przegląd IRB przed wygaśnięciem zatwierdzenia	3 (30)
Zatrzymanie działalności badawczej po wygaśnięciu zatwierdzenia IRB	3 (20)
Zmiana SPO IRB i wytycznych dotyczących kontynuacji przeglądu	2 (20)
Zmiana IRB rekordu	2 (20)
Dodanie nowego personelu IRB w celu zwiększenia obciążenia pracą	1 (10)
Usprawnienie procedur ciągłego przeglądu IRB w zakresie IRB	1(10)

od systemu ręcznego do internetowego systemu śledzenia.

Oprócz powiadamiania badaczy o datach wygaśnięcia zatwierdzenia IRB, 3 ośrodki, w których prowadzono badania w celu zapewnienia, że wnioski o dokonanie przeglądu w trybie ciągłym zostały złożone w terminie umożliwiającym dokonanie przeglądu IRB przed wygaśnięciem zatwierdzenia. Dwa zakłady zmieniły swoje rejestry IRB w ramach planów działań naprawczych, tj. jeden utworzył własny IRB VA, zamiast korzystać z powiązanego uniwersyteckiego IRB, a drugi przeszedł z jednego VA IRB na inny VA IRB.

Spośród dwóch zakładów, w których IRB nie wykazały poprawy w spełnianiu wymogu ciągłego przeglądu, oba wykorzystywały stowarzyszone uniwersyteckie IRB jako rekordowe IRB. Oba zakłady nie wdrożyły w pełni swoich planów działań naprawczych do dnia 31 maja 2014 r. Wciąż współpracowały one z powiązanymi uniwersyteckimi IRB w celu wdrożenia ich planów działań naprawczych, w tym jednego w procesie przechodzenia do własnego VA IRB.

Spośród 8 obiektów, w przypadku których wskaźniki kontynuacji przeglądu uległy obniżeniu, 6 wspomniało o śledzeniu dat wygaśnięcia zatwierdzenia IRB dla badań jako przyczyniającego się do tego spadku, 5 wspomnianych powiadamiających badaczy co najmniej 60 dni przed datą wygaśnięcia zatwierdzenia, 2 wspomnianych szkoleń dla badaczy i edukacji w zakresie wymogu kontynuacji przeglądu, 1 wspomnianych działań następczych z badaczami w celu zapewnienia, że ich wniosek o kontynuację przeglądu został złożony w terminie umożliwiającym przeprowadzenie przeglądu IRB, a 1 wspomniało o wstrzymaniu wszystkich działań badawczych, w przypadku gdy ich IRB nie udało się przeprowadzić wymaganego dalszego przeglądu.

Dyskusja i zalecenia

Dane przedstawione w niniejszym sprawozdaniu pokazują, że wskaźniki przerwania ciągłości przeglądów IRB można łatwo poprawić poprzez wdrożenie skutecznych planów działań naprawczych. Spośród 10 obiektów z IRB w dalszym ciągu podlegających przeglądowi wskaźników wygaśnięcia, które były wyższe niż średnia krajowa VA w ciągu trzech kolejnych lat od 2011 r. do 2013 r., 8 obiektów wykazało wyraźną poprawę w zakresie zmniejszenia wskaźników wygaśnięcia w 2014 r. po wdrożeniu planów działań naprawczych. Natomiast dwa zakłady, które nie wdrożyły w pełni swoich planów działań naprawczych, nie wykazały żadnej poprawy w zmniejszaniu wskaźnika ciągłości przeglądów w 2014 r.

Analiza środków zaradczych wdrożonych przez te 8 obiektów

pozwoliła nam zidentyfikować skuteczne środki zapobiegające wypadkom w zatwierdzaniu w trybie ciągłym IRB. Należą do nich: 1) ustanowienie systemu śledzenia dat wygaśnięcia badań zatwierdzonych przez IRB, najlepiej systemu internetowego z możliwością automatycznego wysyłania przypomnień o wygaśnięciu zatwierdzenia przez IRB; 2) powiadamianie badaczy co najmniej 60 dni przed datą wygaśnięcia zatwierdzenia przez IRB, a następnie rozłożone w czasie, na przykład na 30 dni i 7 dni przed wygaśnięciem zatwierdzenia; 4) zapewnienie, że wszystkie działania badawcze zostaną wstrzymane, jeżeli IRB nie przeprowadzi corocznego przeglądu kontynuacyjnego; oraz 5) edukowanie badaczy w zakresie wymogu kontynuowania przeglądów IRB i konsekwencji nieuzyskania ponownego zatwierdzenia dla ich badań na podstawie corocznego przeglądu kontynuowanego IRB.

Utrata ważności w dalszym przeglądzie może nastąpić, ponieważ badacz w ogóle nie złoży wniosku o kontynuację przeglądu lub nie przedłoży go w terminie umożliwiającym IRB dokonanie przeglądu i ponowne zatwierdzenie badań przed wygaśnięciem zatwierdzenia lub ponieważ IRB nie dokona przeglądu i ponownego zatwierdzenia badań w terminie. Jak wspomniano w powiązanym artykule *IRB* 2015*: Ethics & Human Research (Etyka i Badania nad*

Człowiekiem),12 Biuro Ochrony Badań nad Człowiekiem Departamentu Zdrowia i Usług dla Ludzi zaleca, aby IRB i badacze planowali z wyprzedzeniem, aby zapewnić terminowość wszystkich tych kroków; IRB powinny posiadać pisemne procedury, które zapewniają wystarczające powiadomienie o procesie dla badacza; a IRB powinny wykorzystywać procedury i narzędzia, takie jak skomputeryzowane systemy śledzenia, aby uniknąć niezamierzonego wygaśnięcia zatwierdzenia IRB. [13] W niniejszym raporcie możemy po raz pierwszy zalecić zestaw szczegółów i konkretnych środków opartych na danych empirycznych w celu ograniczenia lub wyeliminowania luk w zatwierdzaniu ciągłego przeglądu przez IRB.

Yen Nguyen, PharmD, jest zastępcą dyrektora stowarzyszonego ds. zgodności z przepisami dotyczącymi badań i edukacji w Biurze Nadzoru nad Badaniami w Departamencie Spraw Weteranów, **Michael Grabenbauer, BBA,** jest analitykiem ds. zarządzania w Biurze Nadzoru nad Badaniami w Departamencie Spraw Weteranów, a **Min-Fu Tsan, MD,** PhD, jest starszym naukowcem w Instytucie Badawczym McGuire i Centrum Medycznym ds.

Potwierdzenie

Autorzy pragną podziękować dr J. Thomasowi Puglisi, dyrektorowi wykonawczemu Office of Research Oversight, za wsparcie dla tego projektu i krytyczną recenzję manuskryptu.

Zrzeczenie

Poglądy przedstawione w niniejszym raporcie są poglądami autorów i niekoniecznie reprezentują poglądy Departamentu Spraw Weteranów.

Odniesienia

1. Departament Zdrowia i Usług Społecznych. Ochrona Osób Zaginionych. Podczęść A. Podstawowa polityka HHS w zakresie ochrony uczestników badań nad ludźmi. 45 CFR 46.109 lit. e); Departament Spraw Weteranów. Wymogi dotyczące ochrony uczestników badań naukowych. *Podręcznik VHA 1200.05*. 2014. http://www1.va.gov/vhapublications/

2. Zob. sędziego. 1; Department of Health and Human Services, Office for Human Research Protections. Wytyczne dotyczące ciągłego przeglądu badań w ramach IRB. 2010. http://www.hhs.gov/ohrp/policy/.

3. Tsan M-F, Nguyen Y. Lapse w instytucjonalnej radzie ds. przeglądu, która kontynuuje zatwierdzanie przeglądu. *IRB: Ethics & Human Research 2015*;37(2):14-19.

4. Nightingale SL. Aktualizacja z FDA. Adres plenarny na konferencji PRIM&R IRB. 20 października 1995 roku. Boston, Massachusetts.

5. Biuro Odpowiedzialności Rządu. Badania naukowe - ciągła czujność mająca zasadnicze znaczenie dla ochrony uczestników życia ludzkiego. GAO/HEHS-96-72. 1996.

6. Norton K, Wilson DM. Kontynuacja praktyk w zakresie oceny etycznej przez kanadyjskie rady ds. etyki badań naukowych. *IRB: Ethics & Human Research 2008*; 30(3):10-14.

7. Tsan M-F, Tsan LW. Ocena jakości programów ochrony badań człowieka w celu poprawy ochrony osób biorących udział w badaniach klinicznych. *Badania kliniczne* 2015; 12(3):224-231; zob. ref. 3.

8. Zob. sędziego. 3.

9. Zob. sędziego. 3; Tsan M-F, Nguyen Y, Brooks R. Wykorzystywanie wskaźników jakości do oceny programów ochrony badań człowieka w Departamencie Spraw Weteranów. *IRB: Ethics & Human Research,* 2013;35(1):10-14.

10. Matthews DE, Farewell VT. *Używanie i rozumienie statystyk medycznych*, wydanie 2. Bazylea, Szwajcaria: Karger, 1988.

11. Tsan M-F, Nguyen Y, Brooks R. Ocena jakości programów ochrony badań nad ludźmi VA: VA vs. stowarzyszona instytucjonalna rada rewizyjna uniwersytetu. *Journal of Empirical Research on Human Research Ethics* 2013;8(2):153-160; Nguyen Y, Brooks, Tsan M-F. Programy ochrony badań nad ludźmi w Departamencie Spraw Weteranów: Wskaźniki jakości i wielkość programu. *IRB: Ethics & Human Research 2014*;36(4):16-20.

12. Zob. sędziego. 3.

13. Zob. ref. 2, Department of Health and Human Services, 2010.

Rozdział 10

Efektywność pomiarów wydajności programu ochrony zdrowia człowieka w badaniach naukowych[9]

poprzez

Min-Fu Tsan i Yen Nguyen.

Streszczenie

Przeanalizowaliśmy dane metryczne wszystkich placówek badawczych Departamentu Spraw Weteranów uzyskanych w latach 2010-2016. Spośród 25 wskaźników efektywności, 21 (84%) wykazało poprawę, cztery (16%) pozostały bez zmian i żadne z nich nie uległo pogorszeniu w okresie objętym badaniem. Ogólna poprawa w stosunku do tych 21 wskaźników wydajności wyniosła 81,1% ± 18,7% (średnia ± *SD*), przy zakresie od 30% do 100%. Cztery wskaźniki wydajności, które nie wykazały poprawy, miały początkowy wskaźnik niezgodności/zagrożenia <1,0%, wahający się od 0% do 0,98%. Początkowe wskaźniki niezgodności/zgodności 21 wskaźników wydajności, które wykazały poprawę, wahały się od

[9] Tsan MF, Nguyen Y. Skuteczność pomiarów wydajności programu ochrony człowieka. Journal of Empirical Research on Human Research Ethics. 12(4): 217-228, 2017. Prawa autorskie ©2017 SAGE Publikacje. DOI: 10.1177/155626461/7720387. Przedruk za zgodą SAGE Publications i współautora.

0,05 % do 60 %. Jednakże spośród 21 wskaźników wydajności, które wykazały poprawę, 10 miało początkowy wskaźnik niezgodności/zachorowalności <1,0%, co sugeruje, że poprawę można było osiągnąć nawet przy bardzo niskim początkowym wskaźniku niezgodności/zachorowalności. Stwierdzamy, że pomiary wydajności są skutecznym narzędziem służącym do poprawy wydajności programów ochrony człowieka.

Słowa kluczowe

ochrona osób, program ochrony badań naukowych, pomiar wydajności, pomiary wydajności, pomiary wydajności, instytucjonalna komisja rewizyjna i poprawa jakości.

Wprowadzenie

Ochrona praw i dobra ludzi jest etycznym mandatem wszystkich badań z udziałem ludzi (Krajowa Komisja Ochrony Osób Chorych na Biomedycznych i Behawioralnych Badań Naukowych, 1979). W Stanach Zjednoczonych instytucje prowadzące badania na ludziach muszą przestrzegać Federalnej Polityki Ochrony Osób Zaginionych, znanej również jako Wspólna Reguła (Departament Zdrowia i Usług dla Ludzi, 1991). Zgodnie ze wspólną regułą instytucjonalna rada ds. przeglądu (IRB) jest odpowiedzialna nie tylko za przegląd i zatwierdzanie protokołów dotyczących badań naukowych z udziałem ludzi, ale również za zapewnienie stałego nadzoru w celu zapewnienia praw i dobrobytu osób biorących udział w badaniach. Jednakże, oprócz IRB, badacze, instytucje, wolontariusze naukowi, sponsorzy badań oraz rząd federalny dzielą odpowiedzialność za ochronę przedmiotów badań (Anderson, Sawatzky-Girling, McDonald, & Willison, 2011; Institute of Medicine, 2001). W ten sposób instytucje prowadzące badania na ludziach stworzyły ramy operacyjne zwane programami ochrony badań człowieka, w celu zapewnienia praw i dobrobytu badaczy oraz spełnienia wymogów etycznych i regulacyjnych (Instytut Medycyny, 2001; Departament Weteranów USA, 2014a).

Department of Veterans Affairs (VA) Health Care System (VA) jest największym zintegrowanym systemem opieki zdrowotnej w Stanach Zjednoczonych z ponad 100 placówkami prowadzącymi co roku badania z udziałem ludzi. Program ochrony badań nad ludźmi w ramach VA jest kompleksowym systemem składającym się z różnych osób i komitetów, w tym, ale nie wyłącznie, urzędnika instytucjonalnego, dyrektora administracji badawczej, urzędników ds. zgodności badań, IRB, innych komitetów lub podkomitetów zajmujących się ochroną osób, badaczy, przewodniczącego IRB i personelu IRB, personelu badawczego oraz personelu apteki badawczej (Departament Spraw Weteranów USA, 2014a). Oprócz zgodności ze wspólną regułą, VA nakłada dodatkowe wymagania. Na przykład, wszystkie placówki VA prowadzące badania nad ludźmi muszą posiadać akredytację programów ochrony badań nad ludźmi przez zewnętrzną organizację akredytującą, taką jak Association for Accreditation of Human Research Protection Program (US Department of Veterans Affairs, 2014a). W VA, IRB jest podkomitetem Komitetu Badań i Rozwoju. Badania z udziałem ludzi nie mogą zostać rozpoczęte, dopóki nie zostaną zatwierdzone zarówno przez IRB, jak i komitet ds. badań i rozwoju (Departament Spraw Weteranów USA, 2009, 2014a).

Pomiar wydajności został ugruntowany jako ważne narzędzie poprawy jakości opieki zdrowotnej (Cassel i in., 2014). Podmioty świadczące usługi zdrowotne i płatnicy przeznaczają znaczne środki na gromadzenie, analizę i raportowanie danych dotyczących wydajności podmiotów świadczących usługi zdrowotne. W ramach programu zapewnienia jakości, VA gromadzi dane metryczne dotyczące wydajności programu ochrony zdrowia ludzkiego od 2010 r. (Tsan, Nguyen, & Brooks, 2013; Tsan & Tsan, 2015). W niniejszym opracowaniu przeanalizowaliśmy dane metryczne z programu ochrony badań nad człowiekiem VA w latach 2010-2016, aby określić jego skuteczność w poprawie funkcjonowania programów ochrony badań nad człowiekiem.

Metoda

Gromadzenie danych

Gromadzenie danych metrycznych dotyczących wyników programu ochrony zdrowia ludzkiego VA zostało przeprowadzone zgodnie z wcześniejszym szczegółowym opisem (Tsan i in., 2013, 2015). W skrócie, w ramach programu zapewnienia jakości VA, ośrodki badawcze VA były zobowiązane do przeprowadzania raz na trzy lata corocznych audytów wszystkich dokumentów świadomej zgody i audytów regulacyjnych wszystkich protokołów badań człowieka przez urzędników ds. zgodności badań, którzy podlegali bezpośrednio urzędnikom instytucjonalnym i działali niezależnie od służb badawczych (Departament Weteranów USA, 2014b). W przypadku protokołów, które były aktywne od ponad 3 lat, audyty regulacyjne protokołów ograniczały się do ostatnich 3 lat obowiązywania protokołów. Aby spełnić wymóg przeprowadzania audytów regulacyjnych wszystkich protokołów raz na trzy lata, co roku kontrolowano około jedną trzecią wszystkich aktywnych protokołów dotyczących badań na ludziach. W pierwszym roku urzędnicy ds. zgodności z przepisami dotyczącymi badań (RCO) wybrali losowo około jedną trzecią protokołów z kontroli. W drugim roku koszty operacji związanych z kapitałem podwyższonego ryzyka skontrolowały około połowy pozostałych protokołów, które nie zostały skontrolowane w pierwszym roku. W trzecim roku koszty operacji związanych z kapitałem podwyższonego ryzyka skontrolowały pozostałą jedną trzecią protokołów. Opracowano narzędzia audytu na potrzeby corocznego dokumentu świadomej zgody, jak również trzyletnich audytów regulacyjnych protokołem z każdego roku (Departament Spraw Weteranów USA, 2016). Urzędnicy ds. zgodności z przepisami dotyczącymi badań w ramach instrumentu zostali następnie przeszkoleni w zakresie stosowania tych narzędzi do przeprowadzania audytów w ciągu roku oraz w jaki sposób i kiedy wyniki audytu powinny być zgłaszane. Urząd Nadzoru nad Badaniami przeprowadzał co roku te sesje szkoleniowe dla RCO. Ponadto wyjaśnienia dotyczące wszelkich kwestii związanych z audytami przeprowadzanymi przez przedsiębiorstwa świadczące usługi w zakresie odzyskiwania mienia dostarczano im podczas comiesięcznych telekonferencji w ciągu całego roku.

Wyniki audytów regulacyjnych dokumentu świadomej zgody i protokołu przeprowadzonych w okresie od 1 czerwca do 31 maja każdego roku zostały zebrane za pośrednictwem systemu internetowego ze wszystkich ośrodków badawczych VA. Zebrane informacje obejmowały w sumie 25 wskaźników wydajności (patrz tabele 1-6) oceniających zgodność z dokumentem świadomej zgody i wymogami dotyczącymi zezwolenia na mocy ustawy o ubezpieczeniach zdrowotnych, przenośności i odpowiedzialności; zgodność z wymogami dotyczącymi IRB i wstępnego zatwierdzenia protokołów badań naukowych z udziałem ludzi; zgodność z wybranymi wymogami dotyczącymi świadomej zgody; w odniesieniu do przyczyn zawieszenia lub zakończenia protokołów badań naukowych z udziałem ludzi; poważne zdarzenia niepożądane związane z badaniami naukowymi; zgodność z wymogami dotyczącymi ciągłego przeglądu; zapisywanie uczestników zgodnie z kryteriami włączenia i wyłączenia; zakres praktyk personelu badawczego; szkolenie w zakresie ochrony badań naukowych z udziałem ludzi; badania międzynarodowe; oraz badania z udziałem dzieci. Ponieważ był to projekt zapewnienia jakości i nie zebrano żadnych informacji umożliwiających identyfikację poszczególnych osób, nie wymagano przeglądu i zatwierdzenia przez IRB (Tsan & Puglisi, 2014 r.).

Analiza danych

Wszystkie zebrane dane zostały wprowadzone do skomputeryzowanej bazy danych do analizy. Wykorzystaliśmy analizę danych kategorycznych do określenia trendu zmian w latach 2010-2016 (Agresti, 1984). Zostało to wykonane przy użyciu analizy tabeli awaryjnej ordinalnej JavaStat dostępnej na stronie www.statpages.info. Wartość $p < .05$ została uznana za statystycznie istotną. Dla tych wskaźników efektywności, w których występują statystycznie istotne zmiany, obliczyliśmy również zmiany procentowe w okresie od 2010 do 2016 roku przy użyciu następującego wzoru: Zmiana procentowa = [(stopa w 2010 r. - stopa w 2016 r.) ÷ stopa w 2010 r.] × 100.

Wyniki

Dokumenty świadomej zgody oraz zezwolenia na przeniesienie uprawnień na mocy ustawy o ubezpieczeniach zdrowotnych i odpowiedzialności cywilnej

Polityka VA wymaga, aby najnowsza wersja formularza zgody zatwierdzona przez IRB była wersją, z której muszą korzystać badacze przy rekrutacji osób do udziału w badaniach. Ponadto, VA wymaga, aby osoby zarejestrowane w znaku badania i daty formularza zgody (US Department of Veterans Affairs, 2014a).

Tabela 1 przedstawia dane zebrane w latach 2010-2016, dotyczące liczby placówek; liczby dokumentów świadomie wysłanych, które były przedmiotem audytu w każdym roku; liczby i stawki dokumentów świadomie wyrażonej zgody, których brakowało; liczby i stawki nieprawidłowo wykorzystanych dokumentów świadomie wyrażonej zgody, a także dokumentów świadomie wyrażonej zgody, które nie zostały podpisane i datowane przez podmioty; wymagane numery i stawki tych zezwoleń, które nie zostały uzyskane. Wszystkie trzy wskaźniki dotyczące wymogów świadomej zgody wykazały statystycznie znaczącą poprawę w okresie od 2010 r. lub 2011 r. do 2016 r., wahając się od 50% (od 2,40% w 2010 r. do 1,20% w 2016 r. w odniesieniu do liczby wykorzystanych nieprawidłowych dokumentów świadomej zgody) do 94% (od 0,16% w 2011 r. do 0,01% w 2016 r. w odniesieniu do liczby brakujących dokumentów świadomej zgody). Znacznie poprawiła się również zgodność z wymogami ustawy o przenośności i odpowiedzialności w ubezpieczeniach zdrowotnych - z 1,44% wymaganych zezwoleń nie uzyskano w 2011 r. do 0,56% w 2016 r., co stanowi poprawę o 61%.

Tabela 1. Dokument świadomej zgody oraz uprawnienie do korzystania z ubezpieczenia zdrowotnego i ustawy o odpowiedzialności i przenośności

	2010	2011	2012
Łączna liczba urządzeń	107	107	108
Łączna liczba skontrolowanych ICD	89,216	100,832	99,013
Brak ICD-ów	-c	-	157 (0.16%)[d]
Niewłaściwie używane ICD	2,143 (2.40%)	1,478 (1.47%)	1,806 (1.82%)
ICD niepodpisane i opatrzone datą przez tematy	197 (0.22%)	284 (0.28%)	201 (0.20%)
Całkowita wymagana liczba wymaganych zezwoleń HIPAAA	-	95,916	96,290
Zezwolenie HIPAA nie otrzymany	-	1,383 (1.44%)	827 (0.86%)

Uwaga: ICD, dokument świadomej zgody; HIPAAA, Health Insurance Portability and Accountability Act.

[a] Określony na podstawie analizy uporządkowanych kategorii dla trendu zmian w latach 2010-2016.

[b] Procentowa zmiana w latach 2010-2016.

[c] Dane niegromadzone.

[d] Liczby w nawiasach były wartościami procentowymi całkowitej liczby skontrolowanych protokołów lub wymaganych zezwoleń HIPAA.

Zmiana procentowa w latach 2012-2016.

Procentowa zmiana w latach 2011-2016.

(Tabela 1 kontynuuje)

2013	2014	2015	2016	Wartość *P*	Zmiana (%)[b]
102,085	93,206	86,389	89,024		
30 (0.03%)	72 (0.08%)	66 (0.08%)	11 (0.01%)	0.0000	94e
1,706 (1.67%)	1,719 (1.84%)	751 (0.87%)	1,081 (1.21%)	0.0000	50
80 (0.08%)	17 (0.02%)	29 (0.03%)	18 (0.02%)	0.0000	91
97,297	87,528	82,577	86,109		
1,164 (1.20%)	783 (0.89%)	698 (0.85%)	486 (0.56%)	0.0000	61f

Zatwierdzenie wstępne IRB i Komitet ds. Badań i Rozwoju oraz ciągłe przeglądy IRB.

Polityka VA wymaga, aby wszystkie protokoły badań na ludziach były najpierw przeglądane i zatwierdzane przez IRB, a następnie przez komitet ds. badań i rozwoju. Żadna działalność badawcza człowieka w obiektach VA nie może zostać rozpoczęta, dopóki protokół nie zostanie zatwierdzony zarówno przez IRB, jak i komitet ds. badań i rozwoju (Departament Spraw Weteranów USA, 2009, 2014a).

Tabela 2 przedstawia dane z lat 2010-2016 dotyczące liczby i wskaźników protokołów przeprowadzonych i zakończonych bez zatwierdzenia przez IRB lub komitet badawczo-rozwojowy; liczby i wskaźniki protokołów rozpoczętych przed zatwierdzeniem przez IRB lub komitet badawczo-rozwojowy; oraz liczby i wskaźniki protokołów, które wygasły w wymaganych przeglądach IRB, jak również te protokoły, które badający kontynuowali działalność badawczą podczas wygaśnięcia w wymaganych przeglądach IRB. Wszystkie cztery wskaźniki efektywności związane ze wstępnym zatwierdzeniem IRB i komitetu badawczo-rozwojowego wykazały znaczną poprawę, począwszy od 74% (od 0,43% w 2010 r. do 0,11% w 2016 r. w przypadku wskaźników protokołów zainicjowanych przed zatwierdzeniem przez komitet badawczo-rozwojowy) do 100% (od 0,05% w 2010 r. do 0,00% w 2016 r. w przypadku wskaźników badań przeprowadzonych i zakończonych przed zatwierdzeniem IRB), pomimo faktu, że początkowe wskaźniki niezgodności w 2010 r. były bardzo niskie i wynosiły od 0,05% do 0,43%. Natomiast początkowy wskaźnik wypadania w przeglądach kontynuowanych w ramach IRB był wysoki i wyniósł 6,04% w 2010 r., a w okresie od 2010 r. (6,04%) do 2016 r. (4,24%) odnotowano jedynie 30% poprawę. Nie odnotowano poprawy w odsetku badaczy, którzy kontynuowali działalność badawczą podczas przerw w IRB, kontynuując przeglądy w latach 2010-2016.

Zawieszenie protokołu i poważne, niepożądane zdarzenia

Zawieszenie lub wypowiedzenie protokołu IRB z powodu nieprzestrzegania przepisów przez badacza lub obaw związanych z ochroną osób jest wskaźnikiem jakości i wyników programów ochrony badań naukowych na ludziach. Podobnie, liczba poważnych zdarzeń niepożądanych związanych z badaniami naukowymi odzwierciedla potencjalne ryzyko badawcze, na które narażeni są uczestnicy badań.

Tabela 3 przedstawia dane z lat 2010-2016 dotyczące liczby i stawek protokołów zawieszonych lub zakończonych przez IRB, tych, które zostały zawieszone z powodu obaw związanych z ochroną osób lub obaw związanych z badaczami; liczby i stawek lokalnych zdarzeń niepożądanych, które zostały uznane za poważne, nieprzewidziane i związane lub prawdopodobnie związane z badaniami; jak również

tych poważnych lokalnych zdarzeń niepożądanych, które spowodowały hospitalizację lub śmierć. Dane związane z zawieszeniem protokołów z badań naukowych z udziałem ludzi z przyczyn losowych były dostępne dopiero od 2011 r. do 2014 r. Częstotliwość występowania zawieszeń protokołów zmniejszyła się z 1,32% w 2011 r. do 0,55% w 2014 r., co stanowi spadek o 58%. Podobnie stawki zawieszenia protokołu ze względu na obawy dotyczące bezpieczeństwa uczestników ruchu lotniczego spadły z 0,45 % w 2011 r. do 0,05 % w 2014 r., co stanowi spadek o 89 %. Nie nastąpiła jednak poprawa wskaźników zawieszeń protokołów z powodu obaw związanych z badaczami. Wskaźniki zachorowalności na lokalne zdarzenia niepożądane, które zostały określone przez IRB jako poważne, nieoczekiwane i związane lub prawdopodobnie związane z badaniami oraz te, które doprowadziły do hospitalizacji, zostały znacząco obniżone odpowiednio z 1,19% i 0,52% w 2010 roku do 0,39% i 0,05% w 2016 roku. Z wyjątkiem dwóch przedmiotów z zakresu
w 2013 r. żadne z poważnych zdarzeń niepożądanych nie spowodowało zgonu.

Międzynarodowe badania naukowe i badania z udziałem dzieci

Przepisy federalne wymagają, aby wszystkie osoby biorące udział w badaniach na stronach międzynarodowych miały zapewnioną odpowiednią ochronę, która jest zgodna z ochroną udzielaną podmiotom badawczym w Stanach Zjednoczonych, jak również ochronę uznawaną za właściwą przez władze lokalne i zwyczajowo stosowaną na stronach międzynarodowych (Departament Zdrowia i Usług dla Ludzi w USA, 1991). Polityka VA w okresie od 2010 r. do marca 2015 r. wymagała uzyskania zgody dyrektora ds. badań i rozwoju przed rozpoczęciem jakichkolwiek badań międzynarodowych zatwierdzonych przez VA. Począwszy od marca 2015 r., polityka VA wymagała uprzedniej zgody dyrektora ds. badań i rozwoju lub urzędnika instytucjonalnego, tj. dyrektora obiektu (Departament Spraw Weteranów USA, 2014a).

Tabela 2. Rada ds. przeglądu instytucjonalnego oraz komitet ds. badań i rozwoju Wstępne zatwierdzenie, a Rada ds. przeglądu instytucjonalnego kontynuacja przeglądów

	2010	2011	2012
Łączna liczba skontrolowanych protokołów	2,102	3,558	4,249
Przeprowadzono i zakończono bez Zatwierdzenie IRB	1 (0.05%)[c]	2 (0.06%)	1 (0.02%)
Przeprowadzono i zakończono bez Zatwierdzenie R&DC	3 (0.14%)	5 (0.14%)	9 (0.21%)
Zainicjowany przed zatwierdzeniem IRB.	2 (0.10%)	2 (0.06%)	4 (0.09%)
Zainicjowany przed zatwierdzeniem przez R&DC.	9 (0.43%)	8 (0.22%)	16 (0.38%)
Łączna liczba protokołów wymagających ciągłych przeglądów IRB	1,606	2,942	3,411
Utrata ważności w ramach ciągłego przeglądu IRB.	97 (6.04%)	208 (7.07%)	208 (6.10%)
Kontynuacja działalności badawczej w czasie trwania okrążenia	2 (0.12%)	6 (0.20%)	4 (0.12%)

Uwaga: Użyte skróty: IRB, instytucjonalna rada ds. przeglądu; R&DC, komitet ds. badań i rozwoju; nie dotyczy.
[a] Określony na podstawie analizy uporządkowanych kategorii dla trendu zmian w latach 2010-2016.
[b] Procentowa zmiana w latach 2010-2016.
[c] Liczby w nawiasach były wartościami procentowymi całkowitej liczby protokołów poddanych audytowi lub wymagających ciągłych przeglądów IRB.

(Tabela 2 kontynuuje)

2013	2014	2015	2016	Wartość *P*	Zmiana (%)[b]
3,834	4,183	3,980	3,801		
0 (0.00%)	0 (0.00%)	0 (0.00%)	0 (0.00%)	0.0170	100
0 (0.00%)	0 (0.00%)	0 (0.00%)	1 (0.03%)	0.0002	79
1 (0.03%)	0 (0.00%)	1 (0.03%)	0 (0.00%)	0.0162	100
4 (0.10%)	5 (0.12%)	3 (0.08%)	4 (0.11%)	0.0004	74
3,112	3,593	-	3,162		
189 (6.07%)	213 (5.93%)	-	134 (4.24%)	0.0003	30
3 (0.10%)	11 (0.31%)	-	0 (0.00%)	0.5215	NIE DOTYCZY

Tabela 3. Zawieszenie protokołu i poważne zdarzenia niepożądane

	2010	2011	2012
Łączna liczba skontrolowanych protokołów	2,102	3,558	4,249
Liczba protokołów Zawieszone	-c	47 (1.32%)[d]	63 (1.48%)
Ze względu na troskę o ludzi.	-	16 (0.45%)	31 (0.73%)
Z powodu związanych z detektywistami niepokoje	-	31 (0.98%)	32 (0.75%)
Lokalne zdarzenia niepożądane, co do których stwierdzono, że są poważne, nieprzewidziane i związane z badaniami naukowymi	25 (1.19%)	43 (1.21%)	17 (0.40%)
Wynikiem tego jest hospitalizacja.	11 (0.52%)	10 (0.28%)	5 (0.12%)
Wywołało to śmierć.	0 (0.00%)	0 (0.00%)	0 (0.00%)

Uwaga: Nie dotyczy, nie dotyczy.
[a] Określony na podstawie analizy uporządkowanych kategorii dla trendu zmian w latach 2010-2016.
[b] Procentowa zmiana w latach 2010-2016.
[c] Dane niegromadzone.
[d] Liczby w nawiasach były wartościami procentowymi całkowitej liczby skontrolowanych protokołów.
Zmiana procentowa w latach 2011-2014.

(Tabela 3 kontynuuje)

2013	2014	2015	2016	Wartość *P*	Zmiana (%)[b]
3,834	4,183	3,980	3,801		
43 (1.12%)	23 (0.55%)	-	-	0.0002	58e
11 (0.29%)	2 (0.05%)	-	-	0.0001	89
32 (0.83%)	21 (0.50%)	-	-	0.0891	NIE DOTYCZY
29 (0.76%)	13 (0.31%)	45 (1.13%)	15 (0.39%)	0.0061	67
2 (0.05%)	0 (0.00%)	4 (0.10%)	2 (0.05%)	0.0000	90
2 (0.05%)	0 (0.00%)	0 (0.00%)	0 (0.00%)	0.8430	NIE DOTYCZY

Podobnie, przepisy federalne wymagają dodatkowej ochrony, gdy badania dotyczą wrażliwych populacji, takich jak dzieci (Departament Zdrowia i Usług Społecznych USA, 1991). Polityka VA w okresie od 2010 do marca 2015 r. wymagała uzyskania zgody dyrektora ds. badań i rozwoju przed rozpoczęciem jakichkolwiek badań z udziałem dzieci. Począwszy od marca 2015 r. polityka VA wymagała uprzedniego zatwierdzenia przez urzędnika instytucjonalnego (Departament Spraw Weteranów USA, 2014a).

Tabela 4 podsumowuje dane z lat 2010-2016 na temat liczby i wskaźników międzynarodowych protokołów badawczych i protokołów badawczych z udziałem dzieci, które zostały zainicjowane bez uprzedniej zgody dyrektora ds. badań i rozwoju lub urzędnika instytucji. Liczba międzynarodowych protokołów badawczych i protokołów z udziałem dzieci była niewielka i wahała się od dwóch do 14 rocznie. Jednakże wskaźniki niezgodności w odniesieniu do uprzedniej zgody dyrektora ds. badań i rozwoju lub urzędnika instytucjonalnego uległy znacznej poprawie, tj. odpowiednio 100% (z 50,00% w 2010 r. do 0,00% w 2016 r.) i 88% (z 60,00% w 2011 r. do 7,14% w 2016 r.).

Wymóg świadomej zgody i kryteria włączenia/wyłączenia

Historie przypadków zostały poddane przeglądowi w celu ustalenia, czy badacze uzyskali świadomą zgodę przed zapisaniem uczestników badania oraz czy uczestnicy niespełniający kryteriów włączenia/wykluczenia zostali zapisani do badania.

Tabela 5 przedstawia dane uzyskane w latach 2010-2016 dotyczące liczby i wskaźników świadomej zgody nie uzyskanej przed rozpoczęciem badań oraz liczby i wskaźników osób niespełniających kryteriów włączenia/wyłączenia, które zostały uwzględnione w badaniach. Wskaźniki niezgodności z wymogiem świadomej zgody wyniosły 2,19% w 2010 r. i 0,04% w 2016 r., co stanowi znaczną poprawę o 98%. Dane dotyczące zgodności z kryteriami włączenia/wyłączenia były dostępne dopiero od 2014 r. do 2016 r., co również wykazało statystycznie znaczącą poprawę o 98 % (z 0,96 % w 2014 r. do 0,08 % w 2016 r.) w tym okresie.

Personel badawczy Zakres wymagań dotyczących praktyki i szkolenia

Polityka VA wymaga, aby cały personel badawczy posiadał zatwierdzony zakres praktyki badawczej lub oświadczenie funkcjonalne określające działania badawcze, które dana osoba posiada odpowiednie kwalifikacje i może wykonywać. Ponadto personel badawczy uczestniczący w badaniach z udziałem ludzi musi ukończyć wstępne i roczne szkolenie w zakresie zasad etycznych i przyjętych dobrych praktyk klinicznych (Departament Spraw Weteranów USA, 2009, 2014a).

Dane dotyczące zakresu obowiązków personelu naukowo-badawczego w zakresie praktyki i wymagań szkoleniowych były dostępne od 2011 do 2016 roku. W tabeli 6 przedstawiono dane dotyczące liczby i wskaźników personelu badawczego bez wymaganych zakresów praktyk i osób pracujących poza ich zakresami praktyk badawczych; oraz liczby i wskaźników personelu badawczego bez wymaganego szkolenia badawczego, zarówno bez wstępnego szkolenia, jak i bezterminowego szkolenia ustawicznego. Odsetek personelu naukowo-badawczego nieposiadającego zakresu praktyki wyniósł 2,38% w 2011 r., który zmniejszył się do 0,13% w 2016 r., co stanowi poprawę o 95%. Liczba personelu naukowo-badawczego o zakresach działania, ale funkcjonującego poza zatwierdzonymi zakresami działania była niewielka (≤ 0,07%), a w latach 2011-2016 nie nastąpiła żadna istotna statystycznie zmiana. Spośród trzech wskaźników efektywności związanych z wymogami dotyczącymi szkolenia w dziedzinie badań naukowych, wszystkie wykazały znaczną poprawę, począwszy od 76% (od 2,84% w 2011 r. do 0,67% w 2016 r. w przypadku wskaźnika wypadnięcia w szkoleniu ustawicznym) do 93% (od 0,7% w 2011 r. do 0,05% w 2016 r. w przypadku wskaźnika wypadnięcia w szkoleniu wstępnym).

Tabela 4. Międzynarodowe protokoły badawcze i protokoły dotyczące dzieci

	2010	2011	2012
Liczba międzynarodowych protokołów badawczych	4	2	8
Bez zatwierdzenia CRADO lub IO	2 (50.00%)[d]	0 (0.00%)	2 (25.00%)
Liczba protokołów dotyczących dzieci	-	5	14
Bez zatwierdzenia CRADO lub IO	-	3 (60.00%)	3 (21.43%)

Uwaga: CRADO, dyrektor ds. badań i rozwoju; IO, urzędnik instytucjonalny.
[a] Określony na podstawie analizy uporządkowanych kategorii dla trendu zmian w latach 2010-2016.
[b] Procentowa zmiana w latach 2010-2016.
[c] Dane niegromadzone.
[d] Liczby w nawiasach były wartościami procentowymi całkowitej liczby protokołów. Zmiana procentowa w latach 2011-2016.

(Tabela 4 kontynuuje)

2013	2014	2015	2016	Wartość *P*	Zmiana (%)[b]
10	13	-c	9		
1 (10%)	0 (0.00%)	-	0 (0.00%)	0.0187	100
9	8	-	14		
1 (11.11%)	2 (25%)	-	1 (7.14%)	0.189	88e

Tabela 5. Wymóg świadomej zgody i kryteria włączenia/wyłączenia

	2010	2011	2012
Łączna liczba przeanalizowanych historii spraw	11,387	23,657	26,291
Nieuzyskana wcześniej świadoma zgoda nie została uzyskana. do rozpoczęcia badań	249 (2.19%)[c]	39 (0.16%)	91 (0.35%)
Liczba przeanalizowanych historii przypadków wraz z kryteriami włączenia/wyłączenia	-d	-	-
Tematy objęte badaniem, a nie spełnienie kryteriów włączenia/wyłączenia	-	-	-

[a] Określony na podstawie analizy uporządkowanych kategorii dla trendu zmian w latach 2010-2016.
[b] Procentowa zmiana w latach 2010-2016.
[c] Liczby w nawiasach były wartościami procentowymi całkowitej liczby badanych historii spraw.
[d] Dane niegromadzone.
[e] Liczby w nawiasach były odsetkami liczby analizowanych historii przypadków z uwzględnieniem/wyłączeniem kryteriów.
Procentowa zmiana w latach 2014-2016.

(Tabela 5 kontynuuje)

2013	2014	2015	2016	Wartość *P*	Zmiana (%)[b]
22,306	20,830	20,300	17,702		
176 (0.79%)	490 (2.35%)	41 (0.20%)	7 (0.04%)	0.0000	98
-	18,782	15,378	14,686		
-	180 (0.96%)[e]	17 (0.11%)	12 (0.08%)	0.0000	90f

Tabela 6. Zakres obowiązków personelu naukowo-badawczego w zakresie praktyki i wymagań szkoleniowych

	2010	2011	2012
Łączna liczba personelu badawczego poddanego przeglądowi	-c	12,328	16,598
Bez zakresu badań naukowych w praktyce	-	294 (2.38%)[d]	92 (0.55%)
Praca poza zakresem badań naukowych uprawianie	-	9 (0.07%)	7 (0.04%)
Wymagane szkolenie nie jest aktualne.	-	442 (3.59%)	393 (2.37%)
Bez szkolenia wstępnego	-	92 (0.75%)	73 (0.44%)
Lapse w szkoleniu ustawicznym	-	350 (2.84%)	320 (1.93%)

Uwaga: Nie dotyczy, nie dotyczy.
[a] Określony na podstawie analizy uporządkowanych kategorii dla trendu zmian w latach 2010-2016.
[b] Procentowa zmiana w latach 2011-2016.
[c] Dane niegromadzone.
[d] Liczby w nawiasach były wartościami procentowymi całkowitej liczby personelu badawczego poddanego przeglądowi.

(Tabela 6 kontynuuje)

2013	2014	2015	2016	Wartość *P*	Zmiana (%)[b]
17,330	19,369	17,927	17,238		
112 (0.65%)	68 (0.35%)	56 (0.31%)	23 (0.13%)	0.0000	95
2 (0.01%)	5 (0.03%)	2 (0.01%)	7 (0.04%)	0.1042	NIE DOTYCZY
284 (1.64%)	227 (1.17%)	309 (1.72%)	125 (0.73%)	0.0000	80
46 (0.27%)	18 (0.09%)	27 (0.15%)	9 (0.05%)	0.0000	93
238 (1.37%)	209 (1.08%)	282 (1.57%)	116 (0.67%)	0.0000	76

Dyskusja

Wyniki przedstawione w niniejszym raporcie pokazują, że spośród 25 wskaźników efektywności programu ochrony badań naukowych na ludziach, 21 (84%) wykazało poprawę, cztery (16%) pozostały niezmienione i żaden z nich nie uległ pogorszeniu w okresie badań od 2010 do 2016 roku. Ogólna poprawa w stosunku do tych 21 wskaźników wydajności wyniosła 81,1% ± 18,7% (średnia ± *SD*), przy zakresie od 30% do 100%. W ten sposób pomiary wydajności okazały się dość skuteczne w poprawie wydajności programów ochrony człowieka VA.

Podczas gdy dane zbierano od 2010 r. do 2016 r., nie każda metryka wyników zawierała dane za wszystkie 7 lat. Jak pokazano w tabeli 7, dziewięć z 10 wskaźników wydajności z danymi dostępnymi we wszystkich 7 latach wykazało poprawę. Podobnie, siedem z dziewięciu wskaźników wydajności z danymi dostępnymi za 6 lat, dwa wskaźniki wydajności z danymi dostępnymi za 5 lat, dwa z trzech wskaźników wydajności z danymi dostępnymi za 4 lata oraz jeden wskaźnik wydajności z danymi dostępnymi za 3 lata wykazały poprawę. Cztery wskaźniki wydajności, które nie wykazały żadnej poprawy, miały początkowy wskaźnik niezgodności/zagrożenia <1,0%, wahający się od 0% do 0,98%. Początkowe wskaźniki niezgodności/zgodności 21 wskaźników wydajności, które wykazały poprawę, wahały się od 0,05 % do 60 %.

Tabela 7. Podsumowanie pomiarów wydajności programu ochrony człowieka w ramach VA (2010-2016)

Dostępne dane (rok)	Liczba uproszczenie wydajności	Numer z (%)	Procentowa poprawa Średnia ± S.D. (zakres)
7	10	9 (90%)	83.2 ± 17.2 (50-100)
6	9	7 (78%)	76.4 ± 24.4 (30-100)
5	2	2 (100%)	91.0 (88,94)
4	3	2 (67%)	73.5 (59,89)
3	1	1 (100%)	90
Ogółem	25	21 (84%)	81.1 ± 18.7 (30-100)

Jednakże, spośród 21 wskaźników wydajności, które wykazały poprawę, 10 miało początkowy wskaźnik niezgodności/zagrożenia <1,0%. W związku z tym ani liczba lat, w ciągu których dostępne były dane metryczne dotyczące wyników, ani początkowy wskaźnik niezgodności/zagrożenia nie pozwalają przewidzieć, czy wskaźniki dotyczące wyników wykażą poprawę.

Wstępny raport wykorzystujący dane metryczne dotyczące wyników za lata 2010-2012 ujawnił, że z 18 (z 25) wskaźników, które posiadały dane dostępne za wszystkie 3 lata, dziewięć wykazało poprawę, dziewięć pozostało bez zmian i żadne nie uległo pogorszeniu. Siedem z dziewięciu wskaźników skuteczności działania, które pozostały niezmienione, miało początkowy wskaźnik niezgodności/zagrożenia <1,0%, co sugeruje, że przy tak niskim początkowym wskaźniku niezgodności/zagrożenia dalsza poprawa może nie być możliwa (Tsan i in., 2013). Jednakże, jak wykazano w obecnym badaniu, początkowe wskaźniki niezgodności/zachorowalności na poziomie <1,0 % można by jeszcze bardziej poprawić, gdyby pomiary wydajności były przeprowadzane przez dłuższy okres czasu.

Jednym z głównych powodów, dla których pomiar wydajności prowadzi do poprawy, jest to, że identyfikuje obszary podatności na zagrożenia, na które można ukierunkować środki poprawy jakości. Każdego roku ośrodki badawcze VA otrzymują własne dane metryczne dotyczące wydajności oraz średnie krajowe i sieciowe, tak aby każdy ośrodek wiedział, gdzie znajduje się na poziomie krajowym i sieciowym (ośrodki VA są geograficznie pogrupowane w 18 zintegrowanych sieci usług weteranów). W ten sposób zakłady mogą zidentyfikować swoje mocne i słabe strony oraz przeprowadzić odpowiednie działania mające na celu poprawę jakości, jak opisano wcześniej (Tsan i in., 2013, 2015; Tsan i Tsan, 2015). Uważamy, że jest to w dużej mierze odpowiedzialne za obserwowaną poprawę wyników programów ochrony człowieka w ramach programu VA, o którym tutaj wspomniano.

Inne potencjalne czynniki również mogą przyczynić się do zaobserwowanej poprawy. Na przykład zakłady mogą celowo nie zgłaszać przypadków nieprzestrzegania przepisów. Uważamy jednak, że jest to mało prawdopodobne, ponieważ dane metryczne dotyczące wydajności zostały zebrane na podstawie dokumentu świadomej zgody i protokołów audytów regulacyjnych przeprowadzonych przez urzędników ds. zgodności z przepisami badawczymi. W VA urzędnicy ds. zgodności z przepisami dotyczącymi badań naukowych podlegają bezpośrednio urzędnikom instytucjonalnym i działają niezależnie od służb badawczych (Departament Spraw Weteranów USA, 2014b). Jest również możliwe, że niektóre udogodnienia mogą systemowo "grać" w system, aby ich programy wyglądały lepiej. Na przykład, niektóre IRB mogą nie być skłonne zawiesić protokołu, kiedy powinien był zostać zawieszony. Chociaż nie można tego całkowicie wykluczyć, VA przeprowadza rutynowe przeglądy na miejscu wszystkich programów ochrony człowieka w ośrodku i jak dotąd nie znalazła żadnych dowodów na poparcie tej możliwości. W rzeczywistości rutynowe przeglądy na miejscu często potwierdziły postępy poczynione w programach ochrony badań nad ludźmi w ramach VA (Tsan i in., 2015; Tsan i Tsan, 2015).

Najlepsze praktyki

W oparciu o wyniki tego badania stwierdzamy, że pomiar wydajności w połączeniu z informacją zwrotną (dostarczającą wyników) do zakładów w celu poprawy jakości jest skutecznym narzędziem poprawy wyników programów ochrony zdrowia ludzkiego.

Implikacje edukacyjne

Pomiar wydajności może poprawić nie tylko jakość opieki zdrowotnej, ale również wydajność programów ochrony zdrowia człowieka. Problemem, przed którym stoimy dzisiaj, nie jest to, czy powinniśmy nadal mierzyć wydajność, ale jak poprawić lub wyobrazić sobie aktualny pomiar wydajności w celu maksymalizacji korzyści (Cassel i in., 2014; McGlynn, Schneider, & Kerr, 2014).

Program badań

Jedna kwestia fundamentalna pozostaje nierozwiązana. Głównym celem programów ochrony badań człowieka jest wzmocnienie ochrony osób biorących udział w badaniach. Jednakże ochrony uczestników badań nie można mierzyć bezpośrednio, ponieważ ochrona uczestników badań i ryzyko związane z badaniami nie są łatwo policzalne. Przeciwnie, ze względu na swój procesowy charakter, możliwa jest ocena jakości programów ochrony badań człowieka, co zostało wykazane w bieżącym badaniu. Zakładamy, że wysokiej jakości programy ochrony badań naukowych na ludziach powinny w możliwie największym stopniu minimalizować ryzyko dla uczestników badań, przy jednoczesnym zachowaniu integralności badań (Tsan, Smith, & Gao, 2010). W ten sposób poprawa jakości programów ochrony badań człowieka może prowadzić do poprawy ochrony podmiotu ludzkiego. Jednakże nadal nie ma dowodów na poparcie tej hipotezy. Przyszłe badania powinny być ukierunkowane na określenie wymiernych parametrów do bezpośredniej oceny ochrony osoby ludzkiej.

Ponadto należy opracować wiarygodne i wymierne wskaźniki służące do oceny wyników IRB, w tym jakości przeglądów IRB. W świetle niedawno zmienionej wspólnej reguły (Menikoff, Kaneshiro, & Pritchard, 2017 r.) ma to szczególne znaczenie. Ocena funkcjonowania IRB przed i po wdrożeniu zrewidowanej Wspólnej Reguły pozwoli nam ustalić, czy zrewidowana Wspólna Reguła osiąga swoje obiecane cele zwiększenia elastyczności przy jednoczesnym zapewnieniu większej ochrony podmiotom ludzkim.

Uwaga autorów

Poglądy przedstawione w niniejszym opracowaniu są poglądami autorów i niekoniecznie reprezentują poglądy Departamentu Spraw Weteranów.

Podziękowania

Autorzy pragną podziękować wszystkim urzędnikom odpowiedzialnym za zgodność badań VA za ich wkład w przeprowadzanie audytów i gromadzenie danych przedstawionych w niniejszym raporcie.

Deklaracja o sprzecznych interesach

Autor(e) nie zadeklarował(ą) żadnych potencjalnych konfliktów interesów w odniesieniu do badań, autorstwa i/lub publikacji niniejszego artykułu.

Finansowanie

Autor (autorzy) nie otrzymali żadnego wsparcia finansowego na badania, autorstwo i/lub publikację tego artykułu.

Odniesienia

Agresti, A. (1984). *Analiza danych porządkowych kategorii* (rozdziały 9)
i 10). Nowy Jork, NY: John Wiley.

Anderson, J.A., Sawatzky-Girling, B., McDonald, M., & Willison, D.J. (2011). Etyka badawcza jest szeroko pojęta: Poza przeglądem REB. *Zdrowie Law Review*, *19*(3), 12-24.

Cassel, C.K., Conway, P.H., Delbanco, S.F., Jha, A.K., Saunders, R. S., & Lee, T. H. (2014). Uzyskanie większej wydajności dzięki pomiar wydajności. *New England Journal of Medicine*, *371*, 2145-2147.

Instytut Medycyny. (2001). *Zachowanie zaufania publicznego: Akredytacja i programy ochrony uczestników badań człowieka*. Waszyngton, DC: National Academies Press.

McGlynn, E.A., Schneider, E.C., & Kerr, E.A. (2014). Odrobaczanie pomiar jakości. *New England Journal of Medicine*, *371*, 2150-2153.

Menikoff, J., Kaneshiro, J., & Pritchard, I. (2017). Wspólna zasada, zaktualizowane. *New England Journal of Medicine*, *376*, 613-615.

Krajowa Komisja Ochrony Osób Zagrożonych Wypadkami Ludzkimi

Badania biomedyczne i behawioralne. (1979). *Raport Belmonta: Zasady etyczne i wytyczne dotyczące ochrony osób, których dotyczą badania*. Waszyngton, DC: Drukarnia Rządowa.

Tsan, M. F., Nguyen, Y., & Brooks, R. (2013). Ocena jakości programów ochrony człowieka w ramach VA. *IRB: Ethics & Human Research, 35*(1), 10-14.

Tsan, M. F., Nguyen, Y., & Brooks, R. (2015). Wykorzystanie wskaźników jakości do oceny i doskonalenia programów ochrony człowieka w VA. *Federal Practitioner, 32*, 31-36.

Tsan, M. F., & Puglisi, J. T. (2014). Działania związane z opieką zdrowotną, które mogą stanowić badania naukowe: Perspektywa Departamentu Spraw Weteranów. *IRB: Ethics & Human Research, 36*(1), 9-11.

Tsan, M. F., Smith, K., & Gao, B. (2010). Ocena jakości programów ochrony badań człowieka: Doświadczenie w Departamencie Spraw Weteranów. *IRB: Ethics & Human Research, 32*(4), 16-19.

Tsan, M. F., & Tsan, L. (2015). Ocena jakości programów ochrony badań człowieka w celu poprawy ochrony osób biorących udział w badaniach klinicznych. *Badania kliniczne, 12*, 224-231.

Departament Zdrowia i Usług Społecznych USA. (1991). *Federalna polityka ochrony ludności* (45 Code of Federal Regulations 46). Źródło: https://www.hhs. gov/ohrp/regulations-and-policy/regulations/45-cfr-46/index. html.

Departament Spraw Weteranów USA. (2009). *Komitet Badań i Rozwoju* (podręcznik VHA 1200.01). Odebrane z http://www1.va.gov/vhapublications/

Departament Spraw Weteranów USA. (2014a). *Wymagania w zakresie ochrony uczestników badań naukowych* (podręcznik VHA 1200.05). Odebrane z http://www1.va.gov/vhapublications/

Departament Spraw Weteranów USA. (2014b). *Wymogi dotyczące sprawozdawczości w zakresie zgodności badań* (podręcznik VHA 1058.01). Odebrane z http://www1.va.gov/vhapublications/

Departament Spraw Weteranów USA. (2016). *Narzędzia do kontroli zgodności z przepisami w zakresie badań, Biuro Nadzoru nad Badaniami*. Odebrane z witryny http://www.va.gov/ORO/rcep.asp

Autorzy Biografie

Min-Fu Tsan jest starszym naukowcem w Instytucie Badawczym McGuire. Ukończył studia doktoranckie na National Taiwan University College of Medicine oraz doktorat z fizjologii na Uniwersytecie Harvarda. Jest członkiem zarządu certyfikowanego przez Amerykańską Radę Chorób Wewnętrznych, Amerykańską Radę Hematologii i Amerykańską Radę Medycyny Jądrowej. Jego zainteresowania badawcze obejmują, ale nie ograniczają się do ochrony osób biorących udział w badaniach. Opublikował ponad 150 artykułów w recenzowanych czasopismach naukowych. Jest on odpowiedzialny za analizę danych metrycznych dotyczących wydajności i przygotowanie manuskryptu do tej publikacji.

Yen Nguyen jest dyrektorem ds. informatyki i analizy danych w Biurze Nadzoru nad Badaniami. Otrzymała tytuł doktora farmacji na Virginia Commonwealth University. Jej głównym celem badawczym jest ochrona obiektów ludzkich. Odpowiada za zbieranie danych metrycznych dotyczących wydajności oraz uczestniczyła w analizie i przygotowaniu manuskryptu.

Rozdział jedenaście

Przyszłe badania naukowe

Celem przepisów federalnych regulujących badania naukowe na ludziach jest zapewnienie, że badania naukowe na ludziach są prowadzone w sposób etyczny, jak również ochrona praw i dobrobytu uczestników badań naukowych na ludziach. Podobnie, ostatecznym celem programów ochrony badań człowieka jest wzmocnienie ochrony osób biorących udział w badaniach. Niestety, nie wiemy, jak bezpośrednio mierzyć ochronę osób, ponieważ ochrona osób badanych i ryzyko badawcze nie są łatwo policzalne i mierzalne. W związku z tym skoncentrowaliśmy się na działaniach zorientowanych na proces, które można zmienić na kwantyfikację jako wskaźniki jakości i wyników programów ochrony badań człowieka.

Naszą hipotezą było, że wysokiej jakości programy ochrony badań człowieka zminimalizują ryzyko dla uczestników badań w możliwym zakresie, przy jednoczesnym zachowaniu integralności badań (1). W związku z tym, poprawa jakości i wyników programów ochrony badań człowieka miała prowadzić do poprawy ochrony osób poddanych badaniom. Nie znaleźliśmy jednak żadnych dowodów na poparcie tej hipotezy. Dlatego też konieczne jest, aby przyszłe wysiłki były ukierunkowane na określenie parametrów bezpośredniej oceny ochrony podmiotu ludzkiego.

Nie wiemy również, jakie są najbardziej wiarygodne wskaźniki jakości i wskaźniki wydajności dla programów ochrony badań człowieka. Opisane w niniejszej książce (1) wskaźniki jakości i wskaźniki wydajności programu ochrony badań nad ludźmi Departamentu Spraw Weteranów zawierają szereg wymagań specyficznych dla Departamentu Spraw Weteranów, które nie mają zastosowania do programów ochrony badań nad ludźmi instytucji badawczych spoza Departamentu Spraw Weteranów. Przyszłe wysiłki powinny być skierowane na opracowanie zestawu wskaźników jakości i wskaźników wydajności, które mają zastosowanie zarówno w Departamencie Spraw Weteranów, jak i w instytucjach zajmujących się sprawami weteranów innych niż Departament, i odzwierciedlają prawdziwą jakość programów ochrony badań człowieka. Pozwoliłoby to na porównanie jakości i wyników wszystkich programów ochrony zdrowia ludzkiego, w tym programów Departamentu Spraw Weteranów oraz innych niż Departament Spraw Weteranów.

Istnieje również ogromna potrzeba oceny jakości i skuteczności działania instytucjonalnych rad ds. przeglądu. Instytucjonalne komisje rewizyjne odgrywają kluczową rolę w ochronie przedmiotów badań człowieka. Zgodnie ze wspólnym przepisem instytucjonalne rady ds. przeglądów są upoważnione do przeprowadzania przeglądu etycznego i zatwierdzania lub odrzucania protokołów dotyczących badań naukowych z udziałem ludzi oraz do zapewnienia stałego nadzoru w celu zapewnienia praw i dobrobytu osób biorących udział w badaniach. Badania na ludziach nie mogą zostać rozpoczęte przed ich zatwierdzeniem, chyba że są one wyłączone z takiego przeglądu (3). W związku z tym funkcjonowanie instytucjonalnych komisji rewizyjnych będzie miało bezpośredni wpływ na ochronę osób.

Wspólna reguła została ustanowiona w celu wdrożenia zasad etycznych raportu Belmonta, a mianowicie poszanowania osób, dobroczynności i sprawiedliwości (4). W celu zatwierdzenia protokołu w sprawie badań naukowych z udziałem ludzi, instytucjonalna rada ds. przeglądu musi zapewnić, że badania spełniają osiem kryteriów wspólnych zasad, które spełniają te zasady etyczne, a mianowicie: wymóg i udokumentowanie świadomej zgody (zasada etyczna poszanowania osób); minimalizacja ryzyka dla podmiotów ludzkich, rozsądny stosunek ryzyka do korzyści, monitorowanie bezpieczeństwa podmiotów, zachowanie prywatności podmiotów i poufności danych oraz dodatkowe zabezpieczenia dla podmiotów szczególnie narażonych (etyczna zasada dobroczynności); oraz sprawiedliwy wybór podmiotów (etyczna zasada sprawiedliwości) (3). Jednakże, pomimo tych uprawnień regulacyjnych, ostatnie badanie wykazało, że w ramach przeglądu protokołów instytucjonalne rady ds. przeglądu omawiały głównie dokumenty dotyczące świadomej zgody (98% czasu), ale nie odniosły się do kwestii minimalizacji ryzyka

(21% czasu), stosunku ryzyka do korzyści (57%), sprawiedliwego doboru tematów (60%), monitorowania danych (54%), prywatności i poufności (25%) oraz ochrony słabszych grup społecznych (13%) (5).

W tym miejscu proponuję zestaw pięciu wskaźników jakości służących do oceny jakości etycznej i skuteczności ocen dokonywanych przez radę ds. przeglądu instytucjonalnego; każdy wskaźnik jakości zawiera szereg wskaźników wydajności (tabela 1).

Te instytucjonalne wskaźniki jakości rady ds. przeglądu obejmują następujące obszary: 1) Czy instytucjonalne rady ds. przeglądów prawidłowo wyznaczają protokoły jako protokoły wyłączone, które nie wymagają instytucjonalnego przeglądu rady ds. przeglądów, przyspieszone protokoły przeglądów, które mogą być przeglądane i zatwierdzane przez przewodniczącego instytucjonalnej rady ds. przeglądu (lub wyznaczonych przez niego członków instytucjonalnej rady ds. przeglądu), czy też protokoły wymagające pełnego instytucjonalnego przeglądu rady ds. przeglądu na zwołanych posiedzeniach; 2) Czy instytucjonalne rady rewizyjne rozpatrują i dokumentują wszystkie kryteria wspólnego przepisu i konflikt interesów przed zatwierdzeniem/odrzuceniem protokołów; 3) czy instytucjonalne rady rewizyjne prawidłowo zatwierdzają zrzeczenie się lub zmianę świadomej zgody lub dokumentację świadomej zgody zgodnie z wymogami wspólnego przepisu; 4) czy instytucjonalne rady rewizyjne przeprowadzają wymagane ciągłe przeglądy w odpowiednim czasie; oraz 5) Jak długo trwa zatwierdzanie protokołów przez instytucjonalne rady rewizyjne.

Ponieważ zaproponowane wskaźniki jakości opracowane przez instytucjonalną radę ds. przeglądu zostały opracowane w oparciu o wspólną regułę, wszystkie instytucje stosujące wspólną regułę mogą wykorzystywać te wskaźniki jakości do oceny jakości i skuteczności swoich instytucjonalnych rad ds. przeglądu. Oprócz oceny jakości etycznej przeglądów dokonywanych przez instytucjonalną radę ds. przeglądów, oprócz oceny jakości etycznej ocenianych przez radę ds. przeglądu instytucjonalnego, jako

Tabela 1. Wskaźniki jakości Rady ds. Przeglądu Instytucjonalnego (Institutional Review Board)

1. Przegląd administracyjny
   a) Łączna liczba protokołów poddanych przeglądowi w okresie oceny
   b) Liczba protokołów zwolnionych z opodatkowania
      b.1) Liczba protokołów wyłączonych, które nie spełniają wspólnych kryteriów zasad1.
   c) Liczba protokołów przyspieszonego przeglądu
      c.1) Liczba protokołów z przeglądu w trybie przyspieszonym, w których decyzja i kategoria kwalifikowalności do przeglądu w trybie przyspieszonym nie zostały udokumentowane w protokole posiedzenia IRB2.
      c.2) Liczba protokołów z przyspieszonego przeglądu niespełniających kryteriów wspólnej zasady3.
   d) Liczba protokołów rozpatrzonych na zwołanym posiedzeniu IRB w pełnym składzie
2. Wstępny przegląd
   a) Liczba protokołów rozpatrzonych na zwołanym posiedzeniu IRB w pełnym składzie
   b) Liczba protokołów poddanych przeglądowi przez pełną komisję, w której IRB brał pod uwagę:
      b.1) Minimalizacja ryzyka dla ludzi, udokumentowana w:
      (i) protokół z posiedzenia IRB; (ii) listę kontrolną kontrolera; lub (iii) zarówno protokół z posiedzenia IRB, jak i listę kontrolną kontrolera
      b.2) stosunek ryzyka do korzyści, udokumentowany w:
      i) protokół z posiedzenia IRB; ii) listę kontrolną recenzenta; lub iii) zarówno protokół z posiedzenia IRB, jak i listę kontrolną recenzenta
      b.3) sprawiedliwy wybór tematów, udokumentowany w:
      (i) protokół z posiedzenia IRB; (ii) listę kontrolną kontrolera; lub (iii) zarówno protokół z posiedzenia IRB, jak i listę kontrolną kontrolera
      b.4) Wymóg świadomej zgody, udokumentowany w:
      (i) protokół z posiedzenia IRB; (ii) listę kontrolną kontrolera; lub (iii) zarówno protokół z posiedzenia IRB, jak i listę kontrolną kontrolera
      b.5) Dokumentacja świadomej zgody, udokumentowana w:
      (i) protokół z posiedzenia IRB; (ii) listę kontrolną kontrolera; lub (iii) zarówno protokół z posiedzenia IRB, jak i listę kontrolną kontrolera
      b.6) Monitorowanie bezpieczeństwa uczestników, udokumentowane w:

(i) protokół z posiedzenia IRB; (ii) listę kontrolną kontrolera; lub (iii) zarówno protokół z posiedzenia IRB, jak i listę kontrolną kontrolera

b.7) Prywatność podmiotu, udokumentowana w:

(i) protokół z posiedzenia IRB; (ii) listę kontrolną kontrolera; lub (iii) zarówno protokół z posiedzenia IRB, jak i listę kontrolną kontrolera

b.8) Poufność danych, udokumentowana w:

(i) protokół z posiedzenia IRB; (ii) listę kontrolną kontrolera; lub (iii) zarówno protokół z posiedzenia IRB, jak i listę kontrolną kontrolera

b.9.1) członek IRB Konflikt interesów, udokumentowany w:

(i) protokół z posiedzenia IRB; (ii) listę kontrolną kontrolera; lub (iii) zarówno protokół z posiedzenia IRB, jak i listę kontrolną kontrolera

b.9.2) Investigator Conflict of interest, udokumentowany w:

(i) protokół z posiedzenia IRB; (ii) listę kontrolną kontrolera; lub (iii) zarówno protokół z posiedzenia IRB, jak i listę kontrolną kontrolera

b.10) Dodatkowe zabezpieczenia dla osób szczególnie narażonych, udokumentowane w stosownych przypadkach:

(i) protokół z posiedzenia IRB; (ii) listę kontrolną kontrolera; lub (iii) zarówno protokół z posiedzenia IRB, jak i listę kontrolną kontrolera

c) Liczba protokołów, które IRB zatwierdził całkowite zrzeczenie się lub zmianę świadomej zgody.

c.1) Liczba protokołów, które IRB zatwierdził całkowite zrzeczenie się lub zmianę świadomej zgody niespełniającej kryteriów wspólnej reguły4.

d) Liczba protokołów, które IRB zatwierdził zwolnienie z obowiązku przedstawienia dokumentacji świadomej zgody.

d.1) Liczba protokołów, które IRB zatwierdził zwolnienie z obowiązku przedstawienia dokumentacji świadomej zgody niespełniającej kryteriów wspólnej zasady5.

3. Ciągły przegląd Weryfikacja ciągła

a) Całkowita liczba protokołów wymagających stałego przeglądu

b) Liczba protokołów, w których wygasły wymagane ciągłe przeglądy przeprowadzane przez IRB.

c) Liczba protokołów z wygasłym zatwierdzeniem IRB w ramach ciągłego przeglądu, w odniesieniu do których prowadzono działalność badawczą (z wyjątkiem kontynuacji interwencji badawczej lub interakcji uznanych przez IRB za leżące w najlepszym interesie już zarejestrowanych podmiotów).

4. Czas przeglądu IRB

a) Czas potrzebny na zatwierdzenie protokołów wyłączonych z zakresu stosowania rozporządzenia (WE) nr 882/2004 Parlamentu Europejskiego i Rady z dnia 29 kwietnia 2004 r. w sprawie wspólnej organizacji rynku wewnętrznego i uchylającego rozporządzenie (WE) nr 882/2004 Parlamentu Europejskiego i Rady (1).

b) Czas potrzebny na zatwierdzenie protokołów z przeglądu w trybie przyspieszonym

c) Czas potrzebny na zatwierdzenie protokołów z pełnego przeglądu technicznego

d) Czas niezbędny do zakończenia ciągłych przeglądów

---

1. 45 CFR 46.101 lit. b); 2.IRB, instytucjonalna rada ds. przeglądu; 3. 45 CFR 46.110 i 63 FR 60364-6037 z dnia 9 listopada 1998 r.; 4. 45 CFR 46.116 lit. c) i d); 5. 45 CFR 46.117 lit. c)

zaproponowane przez Taylora (6), te wskaźniki jakości oceniają również wstępną kategoryzację protokołów przeglądu instytucjonalnego, tj. wyłączoną, przyspieszoną lub wymagającą pełnego przeglądu zarządu; zrzeczenie się lub zmianę świadomej zgody; kontynuację przeglądów przez radę przeglądu instytucjonalnego; oraz czas niezbędny do zakończenia przeglądów przez radę przeglądu instytucjonalnego. W związku z tym te wskaźniki jakości zapewnią dogłębną ocenę ogólnej jakości i wyników przeglądów dokonywanych przez radę ds. przeglądu instytucjonalnego.

Wszystkie informacje wymagane do opracowania wskaźników jakości proponowanych przez instytucjonalną radę ds. przeglądu są łatwo dostępne na podstawie zapisów w biurze instytucjonalnej rady ds. przeglądu. W związku z tym możliwe jest przeprowadzenie przeglądu istniejących danych instytucjonalnej rady ds. przeglądu w celu uzyskania danych dotyczących wskaźników jakości z poprzedniego roku. Z uwagi na oczekujące na wdrożenie zmienionego wspólnego przepisu w styczniu 2018 r., podejście to umożliwi ocenę jakości i funkcjonowania instytucjonalnych rad ds. przeglądu przed i po 2018 r. w celu określenia wpływu zmienionego wspólnego przepisu.

Zmieniona wspólna zasada obejmowała szereg nowych wymogów, które będą miały bezpośredni wpływ na przeglądy rady ds. przeglądu instytucjonalnego. Obejmują one między innymi wymóg przeprowadzenia przez jedną instytucjonalną radę ds. przeglądów badań międzyinstytucjonalnych prowadzonych w Stanach Zjednoczonych, wprowadzenie dodatkowych wyłączeń dla badań niskiego ryzyka oraz wyeliminowanie konieczności kontynuowania przeglądów wielu badań, aby umożliwić instytucjonalnym radom ds. przeglądów skupienie się na badaniach wysokiego ryzyka (7).

Samo opracowanie wskaźników jakości i mierników efektywności programu ochrony badań człowieka i instytucjonalnej rady rewizyjnej nie byłoby pomocne, gdyby nie zostały one wdrożone w znacznej liczbie instytucji. Jednak coroczne pomiary wydajności są pracochłonne i kosztowne. Instytucje mogą nie być skłonne przeznaczyć środków na udział w corocznych pomiarach wyników programów ochrony ludności lub instytucjonalnych komisji rewizyjnych. Powodem, dla którego wszystkie ośrodki badawcze Department of Veterans Affairs uczestniczyły w Departamencie

Spraw Weteranów - pomiary wydajności programu ochrony badań nad ludźmi jest to, że Departament Spraw Weteranów wymaga, aby każdy ośrodek badawczy posiadał wykwalifikowanego urzędnika ds. zgodności badań w celu przeprowadzenia corocznych audytów wszystkich dokumentów świadomej zgody, jak również audytów regulacyjnych wszystkich protokołów badań nad ludźmi raz na trzy lata, oraz że Departament Spraw Weteranów - Biuro Nadzoru nad Badaniami - wymaga od nich corocznego przedkładania danych metrycznych dotyczących wydajności programu ochrony badań nad ludźmi (2). Proponuję, aby Stowarzyszenie Akredytacji Programów Ochrony Badań nad Człowiekiem, Incorporated, jako warunek utrzymania pełnej akredytacji, wymagało od wszystkich akredytowanych instytucji prowadzenia corocznego programu ochrony badań nad człowiekiem i dokonywania przez radę ds. przeglądu instytucjonalnego pomiarów wyników, z wykorzystaniem podstawowego zestawu zdefiniowanych wskaźników, oraz przekazywania uzyskanych danych do Stowarzyszenia w celu analizy i informacji zwrotnych do instytucji w celu poprawy jakości.

Wykazano, że pomiary wydajności mają na celu poprawę jakości opieki zdrowotnej. Wierzę, że rozsądne wykorzystanie pomiarów wydajności poprawi również jakość i wydajność programów ochrony badań człowieka i instytucjonalnych komisji rewizyjnych.

Odniesienia

1. Tsan MF, Smith K, Gao B. Ocena jakości programów ochrony badań człowieka: Doświadczenie w Departamencie Spraw Weteranów. *IRB: Ethics & Human Research* 2010; 32 (4): 16-19.
2. Departament Spraw Weteranów. Wymogi dotyczące sprawozdawczości w zakresie zgodności badań. Podręcznik VHA 1058.01. 2014. http://www1.va.gov/vhapublications/
3. Departament Zdrowia i Usług Społecznych. Federalna polityka ochrony osób żyjących w ludziach. 45 Code of Federal Registration (CFR) 46. 1991.
4. Krajowa Komisja ds. Ochrony Podmiotów Ludzkich w zakresie badań biomedycznych i behawioralnych. *Raport Belmonta: Zasady etyczne i wytyczne dotyczące ochrony podmiotów badań naukowych*. Waszyngton, Drukarnia Rządowa w Waszyngtonie. 1979.
5. Lidz CW, Appelbaum PS, Arnold R i in. Jak ściśle instytucjonalne rady ds. przeglądu przestrzegają Wspólnej Reguły? *Medycyna akademicka* 2012;87(7):969-974.
6. Taylor HA. Wyjście poza zgodność z przepisami: Pomiar jakości etycznej w celu wzmocnienia nadzoru nad badaniami na ludziach. *IRB: Etyka i badania nad ludźmi.* 2007;29(5):9-14.
7. Menikoff, J. , Kaneshiro, J. , & Pritchard, I. (2017). Wspólna zasada, zaktualizowana. *NEJM* 2017; 376: 613-615.

Printed by Books on Demand GmbH, Norderstedt / Germany